Lubna Al-Shalah
Alaa H. Al-Charrakh

Deteção molecular de genes de resistência à tetraciclina em Aeromonas

Lubna Al-Shalah
Alaa H. Al-Charrakh

Deteção molecular de genes de resistência à tetraciclina em Aeromonas

ScienciaScripts

Cover image: www.ingimage.com

This book is a translation from the original published under ISBN 978-620-2-30026-1.

Publisher:
Sciencia Scripts
is a trademark of
Dodo Books Indian Ocean Ltd. and OmniScriptum S.R.L publishing group

120 High Road, East Finchley, London, N2 9ED, United Kingdom
Str. Armeneasca 28/1, office 1, Chisinau MD-2012, Republic of Moldova, Europe
Managing Directors: Ieva Konstantinova, Victoria Ursu
info@omniscriptum.com

Printed at: see last page
ISBN: 978-620-8-55378-4

DEDICAÇÃO

A quem me encorajou a subir

E me ensinou a ter paciência e firmeza

A incendiar a glória e o dom da vida

Esquecer a virtude de até morrer

A memória dos meus irmãos e do meu tio

Meu querido marido

Minha querida mãe e meu querido pai

Os meus adoráveis Filhos

# RECONHECIMENTO

Louvado seja Deus Todo-Poderoso, o glorioso criador do universo, pela sua bondade e misericórdia, e bênção sobre o profeta Maomé e sobre a sua família e seguidores.

A todos os que me ajudaram na preparação desta tese, apresento os meus mais sinceros agradecimentos, em primeiro lugar ao meu orientador, Prof. Dr. Alaa H. Al- Charrakh, pela sua orientação construtiva, encorajamento, sugestões e assistência generosa ao longo do trabalho realizado e da redação desta tese.

Gostaria de agradecer ao Dr. Moshtaq A. Wtwt, Diretor da Faculdade de Medicina da Universidade da Babilónia.

Os meus sinceros agradecimentos a todos os membros do AL-Hilla public halth Lab e aos membros do Departamento de Biologia da Faculdade de Ciências da Universidade da Babilónia por fornecerem material e bons conselhos, especialmente ao Dr. Hussein Oleiwi, ao Dr. Azhar Al-Thahab e ao Dr. Frial Jamil pelo seu acompanhamento e apoio.

Lubna

Resumo

Aeromonas hydrophila está amplamente distribuída na natureza e é responsável por uma série de infecções humanas. Existem vários estudos sobre o isolamento e a caraterização do organismo. Embora existam relatórios sobre os perfis de resistência aos antibióticos do organismo

O objetivo deste estudo foi investigar a prevalência de genes de resistência à tetraciclina de *Aeromonas hydrophila* isoladas de fontes clínicas na cidade de Hilla, no Iraque. Foi recolhido um total de 822 amostras de espécimes fecais de pacientes. As amostras foram colhidas em recipientes esterilizados de pacientes que sofriam de diarreia. O período da investigação foi de outubro de 2013 a fevereiro de 2014 no laboratório de saúde pública da cidade de Hilla.

Os resultados deste estudo revelaram que, das 822 amostras fecais, 13 isolados (1,58%) foram identificados como *Aeromonas spp*. No entanto, foram também recuperados outros isolados bacterianos pertencentes a outros géneros semelhantes a *Aeromonas*. Das 13 *Aeromonas spp.*, foram obtidos oito isolados de *A. hydrophila* (61,53%), enquanto os outros isolados foram distribuídos da seguinte forma: quatro isolados de *A. salmonicidia* (30,76%) e um de *A. sobria.* O isolamento e a deteção da espécie *A. salmoncidia* foram registados pela primeira vez no Iraque. Os isolados de *Aeromonas* foram identificados através de testes culturais e bioquímicos até ao nível da espécie e, em seguida, a identificação foi confirmada utilizando o sistema viteks 2 e a técnica molecular utilizando o iniciador específico 16S rRNA.

A suscetibilidade de todos os isolados de *A. hydrophila* a vários antibióticos foi determinada utilizando o teste de difusão em disco (DDT). Os resultados mostraram que 5 isolados (62,5%) eram multirresistentes (MDR) e três isolados (S2, S3 e S5) eram sensíveis à maioria das classes de antibióticos testadas. Os resultados também mostraram que a maioria dos isolados 7 (87,5%) eram resistentes à amoxicilina-ácido clavulânico e à gentamicina. Seis dos isolados *de A.hydrophila*

(75%) eram resistentes à ceftazidima, enquanto mais de metade eram susceptíveis à amicacina, à cefotaxima e à tetraciclina. No entanto, 3 isolados (37,5%) eram altamente susceptíveis (100%) ao imipenem, meropenem e cloranfenicol.

A CIM de *A. hydrophila* à tetraciclina também foi detectada utilizando a diluição de Ager de acordo com as diretrizes CLSI. Os resultados revelaram que apenas 2 isolados (25 %) eram resistentes à tetraciclina. A CIM destes isolados variou entre 0,25-16 μg/ml. Este resultado confirma a resistência à tetraciclina por parte destes isolados quando testados com DDT.

Foi utilizada a técnica da reação em cadeia da polimerase (PCR) para detetar isolados resistentes à tetraciclina. Os resultados revelaram que todos os isolados resistentes à *tetraciclina* eram portadores de pelo menos um dos *genes tet* examinados. Entre os genes de efluxo, o *tet A* foi o mais frequentemente observado nos isolados (n.º 8), encontrado em 6 isolados (75%), seguido do gene de efluxo tet *B* 5

(62,5%) , *tet C* e proteína de proteção ribossomal *tet O* 4 (50%). O gene de efluxo *tet E* foi encontrado em dois isolados (25%). A bomba de efluxo *tet L* e o gene de proteção ribossómica *tet M* foram detectados num isolado (12,5%). No entanto, *os genes* de efluxo *tet D e G* não foram detectados em nenhum dos isolados.

A prevalência da proteína de proteção ribossómica *tet O* entre os isolados de *A.hydrophila* foi registada pela primeira vez no Iraque e em muitos outros países.

Os resultados da resistência à tet mediada por plasmídeos em *A.hydrophila* revelaram que apenas dois isolados n.º 4 e n.º 7 eram resistentes à tetraciclina quando detectados fenotipicamente pelos métodos DDT e MIC. Os resultados mostraram que o gene *tet A* só foi detectado no isolado n.º 4. Relativamente ao *gene Tet D*, os resultados revelaram que este gene foi detectado em ambos os isolados (4 e 7). No entanto, *os genes tet B, tetC, tetE, tetG* e *tet L* não foram detectados em nenhum dos isolados. A recuperação de *A. hydrophila* resistente à tetraciclina a partir de fontes clínicas neste estudo é registada pela primeira vez no Iraque.

O omprazol actua como inibidor da bomba, causando um desequilíbrio do gradiente de protões nos lados da membrana. Para investigar o efeito do omprazol na resistência mediada pela bomba de efluxo à tetraciclina, o método de cura foi empregado usando dodecil sulfato de sódio sozinho e dodecil sulfato de sódio com o medicamento omprazol. Os resultados mostraram uma diminuição no valor da CIM (16 μg/ml) para os isolados resistentes à tetraciclina (n.º 7 e n.º 8), que chegou a 4 μg/ml para ambos os isolados, tornando-os suscetíveis à tetraciclina. A concentração de SDS que mostrou alta atividade para a cura foi (20%).

Lista de conteúdos

Capítulo 1

1-1 Introdução :

Os membros do género *Aeromonas* são bactérias gram-negativas, facultativamente anaeróbias, não formadoras de esporos, oxidase positivas em forma de bastonete, móveis por flagelos polares, mesófilas e anaeróbias facultativas da família Aeromonadaceae, cujo habitat natural é o ambiente aquático. Algumas espécies são patogénicas para os animais e para os seres humanos. *A A. hydrophila* está incluída na lista NCCL e foi validada pela EPA (USEPA , 2001) para a deteção e enumeração de *A. hydrophila* na água potável. As espécies de *Aeromonas* estão amplamente distribuídas no ambiente aquático, incluindo água potável crua e processada, e têm sido frequentemente isoladas de vários produtos alimentares, como peixe e marisco, carne crua, vegetais e leite cru. Além disso, nos últimos anos, as aeromonas têm sido implicadas como agentes causadores de doenças humanas, desde gastroenterites a infecções de feridas (EPA, 2005; Erdem *et al.,* 2011; Sarkar *et al.,* 2012). *A hydrophila* tem recebido cada vez mais atenção tanto como indicador de poluição como agente patogénico (Kaper, *et al.,* 1979). As aeromonas móveis estão adaptadas a ambientes com uma vasta gama de condutividade, turbidez, pH, salinidade e temperatura (Jayavignesh *et al.,* 2011). O género *Aeromonas* inclui importantes agentes patogénicos humanos que causam septicemia primária e secundária em doentes imunocomprometidos, infecções graves de feridas em indivíduos saudáveis e em doentes submetidos a terapia com sanguessugas medicinais, bem como uma série de doenças menos bem descritas, como peritonite, meningite e infecções dos olhos, articulações e ossos. A gastroenterite, a manifestação clínica mais comum, continua a ser controversa (Abbott *et al.,* 2003).

O género é constituído por psicrófilos e mesófilos do solo e de ambientes aquáticos e causa diferentes tipos de doenças a muitos animais de sangue quente e frio. Ao longo dos anos, foram efectuadas várias reconsiderações sobre a taxonomia e a nomenclatura do género *Aeromonas*. As espécies de *Aeromonas* são normalmente isoladas de amostras fecais de crianças com menos de cinco anos de idade, enquanto o seu isolamento de outros locais do corpo ocorre normalmente em populações adultas. Sabe-se que as Aeromonas causam doença diarreica grave de curta duração ou fezes soltas crónicas em crianças, idosos ou indivíduos imunocomprometidos, e têm sido implicadas na diarreia dos viajantes. As aeromonas móveis crescem a uma temperatura óptima de 35-37°C e as que se prevê que causem infecções humanas foram reconhecidas como *A. hydrophila* (Igbinosa *et al.*, 2012; Markov *et al.*, 2007). *A Aeromonas hydrophila* é resistente ao cloro, à refrigeração ou a temperaturas frias (sabe-se que a Aeromonas hydrophila sobrevive a temperaturas tão baixas como 4°c) (Markov *et al.*, 2007).

Devido à utilização excessiva de antibióticos de largo espetro em ambientes clínicos, na agricultura e em viveiros de peixe, tem-se registado um aumento da resistência aos antibióticos entre as espécies de *Aeromonas* causadoras de doenças. Os membros do género desenvolveram um elevado nível de resistência aos antibióticos habitualmente utilizados, como a ampicilina (que se tornou tão generalizada que são utilizados níveis baixos do antibiótico como agente seletivo para a bactéria). Também se tem registado uma resistência emergente a outros antibióticos, incluindo a tetraciclina e a ciprofloxacina, entre as espécies de *Aeromonas*. O uso excessivo de tetraciclina como antibiótico de largo espetro em incubadoras de peixes e viveiros de ração, bem como em clínicas, parece ter resultado num aumento da resistência, que se tornou tão generalizada que baixos níveis do antibiótico são usados como agente seletivo para a bactéria (Skwor *et al.*, 2014).

As infecções causadas por *A.hydrophila* resistente aumentam o risco de um grau mais elevado de morte e de uma maior propagação e aumento dos casos de multi-resistência entre isolados de *Aeromonas spp*.

O objetivo deste estudo é investigar a deteção de genes de resistência à tetraciclina em *A. hydrophila* isolada de amostras de fezes humanas na cidade de Hilla. Este objetivo é alcançado através dos seguintes objectivos:

1- isolamento e identificação de Aeromonas hydrophila ao nível das espécies de acordo com a técnica normalizada .

2- Prevalência de isolados resistentes à tetraciclina de acordo com a diluição em ágar DDT e MIC.

3- Caracteres moleculares para a deteção do gene 16 SrRNA.

4- Prevalência de genes de proteínas de efluxo entre isolados resistentes à tet".

1.2. Revisão de literatura:

1.2.1. . História e taxonomia de *Aeromonas hydrophila*:

A Aeromonas spp. foi isolada pela primeira vez da água e de animais infectados há mais de 100 anos. O género *Aeromonas* foi descrito pela primeira vez por Zimmermann 1890, que isolou a bactéria da água potável utilizando ágar gelatina. Baptizou a bactéria de "*Bacillus punctatus"*. Sanarelli 1891 isolou uma bactéria semelhante do sangue e da linfa de rãs, a que chamou "*Bacillus hydrophilus fuscus*" (Martin-Carnahan e Joseph, 2005). A primeira vez que *a Aeromonas* foi considerada um agente patogénico humano foi em 1954, quando foi isolada do sangue, pulmões, fígado, baço, urina, líquido cefalorraquidiano (LCR) e partes necróticas de alguns músculos estriados de uma mulher imunocomprometida, agora conhecida por sofrer de miosite metastática fulminante aguda. A maioria destes relatórios provém de países desenvolvidos (Ghenghesh *et al*., 2008; Abdelateef 2011), que referiram que *a A. hydrophila* foi identificada como uma das quatro espécies de *Aeromonas* por Popo (1984) e que a colocou na família Vibrionaceae. Outros investigadores demonstram que são atualmente classificadas na família Vibrionaceae, foi proposta em 1986 por Colwell *et al.* (Carnahan, 1991). Na última década, a classificação do género *Aeromonas* sofreu grandes alterações. No Manual de Bacteriologia Sistemática de Bergey, o género foi dividido em três espécies mesófilas e móveis (*A. hydrophila, A. caviae* e *A. sobria*) e a espécie psicrófila não móvel *A. salmonicida.* O género *Aeromonas* pertence atualmente à família Aeromonadaceae que inclui um grupo de espécies bacterianas 21-gram-negativas (uma delas é *A. hydrophila*). *Aeromonas* (principalmente *A. hydrophila*) tem atualmente o estatuto de agente patogénico de importância emergente de origem alimentar. Os estudos de hibridação ADN-ADN resultaram no reconhecimento de 13 espécies genómicas bem definidas. No entanto, subsistem algumas discrepâncias entre os grupos de homologia de ADN (DHG) observados e os obtidos por fenotípica (Borrell *et al.,* 1997 ,Abdelateef, 2011).

Ajanda e Abotta (2010) mostraram que, com base na catalogação de 5S rRNA, sequenciação de 5 S RNA e dados de hibridação RNA-DNA, as Aeromonadas constituíam uma família separada, Aeromonadaceae. Carnahan (1991) referiu que a taxonomia atual do género *Aeromonas* se baseia em estudos de hibridação ADN-ADN e de parentesco do ADN ribossómico 16S. Os géneros da família Aeromonadaceae incluem agora *Aeromonas,*

Oceanimonas,

Oceanisphaera e *Tolumonas*.

A classificação do género *Aeromonas*, que pertence às Gamma proteobacteria, continua a ser complexa do ponto de vista taxonómico devido à descrição contínua de novas espécies, à reorganização das estirpes e espécies descritas até à data e às discrepâncias observadas em diferentes estudos de hibridação ADN-ADN (Minana-Galbis *et al.*, 2009):

Reino: Bacteria **Filo**: Proteobacteria **Classe**: Gammaproteobactérias

Ordem: Aeromonadales

Família: Aeromonadaceae **Género**: *Aeromonas*

Espécies: *hydrophila*

Estirpe ATCC 7966

A análise da sequência de diferentes genes housekeeping tem sido recomendada para a delimitação de espécies, para além da hibridação ADN-ADN, a fim de aumentar o poder discriminatório e a robustez das relações filogenéticas relativamente à análise da sequência do gene 16S rRNA (Stackebrandt *et al.*, 2002; Minana-Galbis *et al.*, 2009).

1.2.2. Ocorrência de *Aeromonas hydrophila*:

O género inclui um grupo de bactérias presentes em vários habitats naturais, como o solo, a água doce e salobra e os esgotos. É a espécie patogénica humana mais comum do género *Aeromonas* (68%), de acordo com um relatório epidemiológico anterior (Majeed , 2011), a palavra *Aeromonas* significa Aer=ar/gás e monas = unidade, pelo que é uma unidade produtora de gás (Solanke *et al.*, 2011). Tal como o nome da espécie *hydrophila* "amante da água" indica, o habitat natural deste género é a água doce ou do mar, onde é comum causarem infecções em animais aquáticos de sangue frio (Garibay *et al.*, 2006). Este género já esteve acessível a partir de muitos tipos de alimentos, como marisco, carne e derivados de bovinos e suínos, vegetais, saladas, gelados, leite e queijo (Balassiano *et al.*, 2007). *Aeromonas* também pode produzir toxinas a baixa temperatura sob condições adequadas de crescimento. Na Índia, Kore *et al.* (2014) mencionaram que a incidência de *Aeromonas*. spp. é registada em vários alimentos de origem animal, como marisco, carne, aves de capoeira e legumes.

A nível mundial, a taxa de isolamento de *Aeromonas* a partir de fezes diarreicas foi descrita como sendo de 10,8%, em comparação com 2,1% para controlos saudáveis (Joseph, 1996; Vila *et al.* 2003; Galindo *et al.*, 2006; Khajanchi, 2010).

Os seres humanos transportam espécies de *Aeromonas* no seu trato gastrointestinal, tanto em indivíduos sintomáticos como assintomáticos. As taxas de transporte fecal em pessoas na ausência de doença em países desenvolvidos variam entre 0% e 4% (Svenungsson *et al.* 2000), enquanto a taxa de isolamento de pessoas com doença diarreica varia entre 0,8 e 7,4% (Albert *et al.*, 2000).

Sinha *et al.* (2004) registaram a presença de aeromonadas em 6,5% de todos os doentes na Índia, enquanto em Hong Kong, Chan *et al.* (2005) documentaram a presença de aeromonadas em 6,9% dos doentes adultos com diarreia aguda. Outros relataram taxas de isolamento de pacientes sintomáticos de 0,04% a 21% (Dumontet *et al.* 2003, Maraki *et al.* 2003). Na província de Limpopo, na África do Sul, Obi e Bessong (2002) relataram o isolamento de *Aeromonas* sp. em 13,3% de doentes com VIH com diarreia crónica em comunidades rurais. As pessoas imunocomprometidas também podem sofrer de diarreia crónica *associada a Aeromonas*. Na Arábia Saudita, Ibrahim e colegas (1996) relataram dois casos de colite crónica de pacientes imunocomprometidos associados a *A. hydrophila.*

Caracteres gerais: O género *Aeromonas* pertence à família Aeromonadaceae das Gammaproteobacteria e compreende bacilos ou cocobacilos Gramnegativos, não formadores de esporos, móveis, bastonetes com extremidades arredondadas que medem 1-3,5 μm de diâmetro. São anaeróbios facultativos, oxidase, catalase e indol positivos, capazes de reduzir o nitrato a nitrito e são fermentadores de glucose, geralmente resistentes ao agente vibriostático O/129 e intolerantes ao sal. *A. hydrophila* tem seu habitat natural na água e cresce em uma ampla faixa de temperatura entre 0°C e 45°C, com uma temperatura ótima de 22°C a 32°C (KO *et al.*, 1996; Igbinosa *et al.*, 2012; Dias 2012; Sarkar *et al.*, 2012).

1.2.3. Patogenicidade de *A. hydrophila*

A patogenicidade da infeção *por A. hydrophila* é complexa e multifatorial, e é atribuída a múltiplos factores de virulência. Os principais factores de virulência que têm efeito na patogenicidade incluem a estrutura celular, lipopolissacarídeos (LPS), proteínas da membrana externa (OMP), pili e flagelos, sistema de secreção de tipo III (T3SS) que actua como estruturas de adesão e factores extracelulares como a exotoxina, as heamolisinas, a β-lactamase, a enterotoxina e o sideróforo, que parecem desempenhar um papel importante na patogénese. (Hirono e Aoki.,1992;Yu *et al.*, 2004 ; Janda e Abbott, 2010). Para além de várias classes de enzimas degradativas. Foram previamente identificadas amilases, quitinases, lipases, proteases e uma DNase. Enquanto muitos destes são percebidos para desempenhar um papel nutricional na aquisição de compostos de carbono (Abdel-Rahman, 2004,Ashiru *et al.*, 2011 Johny e Subashkumar, 2014).

Para ser um enteropatógeno bem-sucedido, uma bactéria deve entrar no hospedeiro, ultrapassar as barreiras fisiológicas normais, encontrar um nicho específico, evitar os mecanismos de defesa do hospedeiro e produzir doença (Falkow.,2000). No caso da gastroenterite por *Aeromonas*, a via presumível de infeção é através da ingestão oral de alimentos ou água contaminados. As bactérias ingeridas devem então passar pelos efeitos deletérios da acidez gástrica e estabelecer residência no intestino delgado ou grosso, competindo com sucesso contra os microrganismos. Uma via potencial através da qual *as Aeromonas* poderiam teoricamente contornar os efeitos nocivos do baixo pH ácido no estômago é através de uma resposta de tolerância ao ácido semelhante à descrita para uma série de agentes patogénicos entéricos, incluindo *Salmonella enterica* serovar Typhimurium e *E. coli* (Audia *et al.*,2001).

A forma disentérica da gastroenterite *por Aeromonas* é a mais comum, com a maioria dos estudos a reportar frequências de 3% a 22% (Chan *et al.*,2003;Vila *et al.*,2003).Os sintomas comuns associados à disenteria ou colite *por Aeromonas* incluem cólicas, dor abdominal e muco nas fezes, para além de sangue (Essers *et al.*,2000). A complicação mais grave potencialmente resultante da

A gastroenterite *por Aeromonas* é a síndrome hemolítico-urémica (SHU). Figueras *et al.* (2007) revêem sete casos reputados de HUS associada a *Aeromonas* relatados na literatura, incluindo o seu caso envolvendo uma mulher de 40 anos de idade que inicialmente se apresentou com uma história de 2 dias de diarreia aquosa não sanguinolenta.

Algumas espécies do género *Aeromonas* causam diarreia através da produção de enterotoxinas ou da invasão do epitélio gastrointestinal (Janda e Abbott, 2010). Foram descobertas duas categorias de enterotoxinas, citotóxicas e citotónicas, em filtrados de cultura de isolados de Aeromonas spp. (Von Gravaenitz ,2007; Krzyminska *et al.*,2011). As enterotoxinas citotóxicas causam danos extensos às células epiteliais. As toxinas incluem enterotoxinas termolábeis e estáveis com actividades hemolíticas e citotóxicas, a toxina formadora de poros aerolisina e diferentes α e β-hemolisina (Von Gravaenitz, 2007). As estirpes *de Aeromonas* spp. produzem também enterotoxinas citotóxicas que, tal como a toxina da cólera, provocam um aumento do nível de AMPc nas células epiteliais intestinais (Galindo *et al.*, 2006).

1.2.4. Gastroenterite causada por *A. hydrophila*

A doença diarreica é uma causa importante de morbilidade e mortalidade nos países em desenvolvimento, particularmente em bebés e idosos (Mansour *et al*, 2012). As diarreias são produzidas por infecções virais, bacterianas e parasitárias, bem como por intolerâncias alimentares, reacções a medicamentos e outros distúrbios fisiológicos e imunológicos. As infecções bacterianas são responsáveis por 20 a 40% das doenças diarreicas, e várias espécies bacterianas têm sido frequentemente atribuídas a episódios de diarreia, incluindo *Campylobacter jejuni E. coli, Salmonella* spp., *Vibrio cholera, Yersinia enter Aeromonas* spp. e *Plesiomonas* spp. (Vila, *et al.,* 2003, Guerra *et al,* 2007) .

Em 2004, a doença diarreica afectou muito mais pessoas do que qualquer outra doença, mesmo em regiões que incluem países com rendimentos elevados. Cerca de 4.620,4 milhões de pessoas foram afectadas pela doença diarreica. Além disso, a diarreia é a segunda causa mais comum de morte de crianças em todo o mundo figura 1-1.

Nas últimas décadas, *as Aeromonas* têm sido cada vez mais reconhecidas como agentes etiológicos relevantes em infecções gastrointestinais (Mansour *et al.*, 2012). As espécies de *Aeromonas* são agentes patogénicos que causam gastroenterite de origem alimentar em humanos e sintomas extra-intestinais como septicemia, meningite, endocardite e osteomielite com uma elevada taxa de mortalidade em pacientes imunocomprometidos (Vila, *et al.*, 2003, Ramalivhana, 2010 : e Ashiru *et al.,* 2011). Esta bactéria está associada a dois tipos de gastroenterite: o primeiro tipo é uma doença semelhante à cólera, que provoca diarreia aquosa de arroz, e o outro tipo de doença é a gastroenterite disentérica, que provoca fezes moles cheias de sangue e muco. A gastroenterite disentérica é a mais grave dos dois tipos (AL-Fatlawy e Al- Ammar, 2013; Solanke, *etal.2011).*

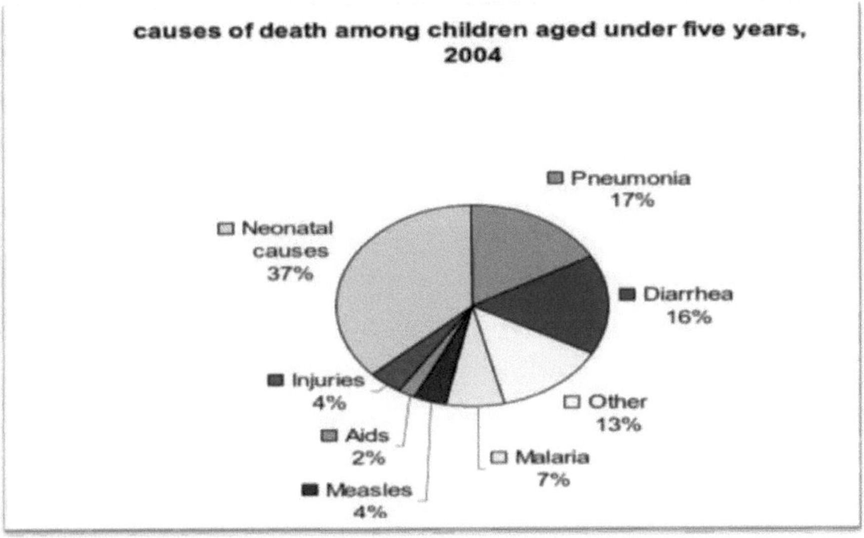

Figura (1-1): Distribuição das causas de morte das crianças com menos de cinco anos em 2004.

Três espécies de *Aeromonas*, *A. hydrophila*, *A. caviae* e *A. veronii* biótipo *sobria*, são consideradas de importância clínica (Borchardt, *et al.*, 2003 e Guerra *et al.*, 2007). As infecções gastrointestinais de espécies de *Aeromonas* são geralmente consideradas como sendo transmitidas pela água; por esta razão, *a Aeromonas hydrophila* foi colocada na Lista de Candidatos a Contaminantes da Agência de Proteção Ambiental dos Estados Unidos de agentes patogénicos emergentes da água potável (Borchardt, *et al.*, 2003) .

A maioria dos estudos que envolvem a gastroenterite causada por *A. hydrophila* concentrou-se na sua transmissão em água contaminada fornecida. O género *Aeromonas* é um membro da família Aeromonadaceae que é constituída principalmente por organismos aquáticos encontrados na água. As infecções por *Aeromonas* são uma das doenças bacterianas mais comuns diagnosticadas em peixes marinhos e de água doce cultivados. *A Aeromonas hydrophila* encontra-se em diversos habitats, incluindo o solo, amplamente em água doce e salgada, sendo também frequentemente encontrada em água potável clorada e não clorada, e é patogénica para animais de sangue quente e frio (Aslani e Alikhani, 2004; AL-Hadrawy,2014). A população de *Aeromonas* no ambiente é controlada por factores sazonais (temperatura, radiação solar, fitoplâncton). No ambiente, *as Aeromonas* são por vezes isoladas com mais frequência do que a *E. coli*, no entanto, a capacidade de sobrevivência da

A. hydrophila é semelhante à *da E. coli* (Chung e Yu, 1990). *As Aeromonas* spp. são bactérias gram-negativas, em forma de bastonete, anaeróbias facultativas. Nas últimas duas décadas, o número de espécies reconhecidas neste género aumentou de quatro espécies (*Aeromonas hydrophila, A. sobria, A. cavia* e *A. salmonicida*) para 16 grupos de hibridação reconhecidos, e nove destes taxa foram recuperados de amostras clínicas e ambientais e, por conseguinte, podem ser patogénicos para os seres humanos(Ansari, 2011 e Sarkar *et al.*, 2012).

Entre as espécies de *Aeromonas, a Aeromonas hydrophila* é a mais comummente associada a infecções humanas, conduzindo a doenças intestinais e não intestinais. Além disso, o aumento da resistência deste organismo aos antibióticos e à cloração da água representa uma ameaça significativa para a saúde pública. Como resultado, a Agência de Proteção Ambiental (EPA) iniciou a monitorização dos abastecimentos de água dos Estados Unidos para este organismo em 2002, para além das investigações de surtos nos últimos anos, a família Aeromonads móvel é considerada como agentes patogénicos entéricos reimergentes pela agência de alimentos e medicamentos FDA (Ferwana, 2007; Das *et al.*, 2012).

Embora as espécies de *Aeromonas* estejam distribuídas por todo o mundo, continuam a existir diferenças geográficas na frequência de doenças causadas por várias espécies de *Aeromonas*. Na Austrália, o isolamento fecal de *A. sobria* é comum,

A. caviae é comum nos Estados Unidos e nos Países Baixos, e *A. hydrophila* é comum na Índia (Ko *et al.* , 1996).

1.2.5.Isolamento de *Aeromonas hydrophila*

O isolamento de *A. hydrophila* a partir de amostras contaminadas, como fezes, exige a utilização de meios de sementeira selectivos e diferenciais, como ágar MacConkey, ágar cefsulodin irgasan novobiocin (CIN) ou ágar ampicilina sanguínea (10 mg/l de ampicilina). Para facilitar a recuperação de *A. hydrophila* a partir de amostras fortemente contaminadas, como fezes, os caldos de enriquecimento, como a água peptonada alcalina, são incubados de um dia para o outro e subcultivados em ágar ampicilina-sangue e ágar CIN. As placas de cultura são incubadas aerobicamente a 35°C durante 24-48 horas. *As Aeromonas* spp. produzem colónias caraterísticas, com ou sem hemólise em ágar-sangue Abbood *etal, (*2013) enquanto Awan,(2009) explicou que o meio seletivo de *Campylobacter* com suplemento antimicrobiano Skirrow ou Blaser não é adequado para o isolamento de *Aeromonas*, uma vez que a maioria das estirpes *de Aeromonas* são susceptíveis ao trimetoprim e à polimixina B., e as colónias podem ser rapidamente rastreadas utilizando o teste da oxidase pontual. As colónias positivas para a oxidase são ainda analisadas utilizando o teste bioquímico em tubo. Todas as estirpes foram testadas quanto às suas actividades hemolíticas em ágar de sangue de carneiro, utilização de hidratos de carbono e formação de gás em ágar de ferro e açúcar triplo. Foram investigadas as actividades enzimáticas da urease e da ornitina descarboxilase, da lisina descarboxilase e da arginina dihidrolase. A formação de indol e a motilidade foram observadas em ágar sulfeto-indole-motilidade, e o teste de Voges-Proskauer foi realizado. A hidrólise da esculina, a utilização de citrato ou a inoculação de uma suspensão de células num dos kits de identificação bacteriana disponíveis no mercado (Ko *et al.,* 1996).

Ferwana, 2007).

Para reduzir a carga de trabalho, foram desenvolvidos comercialmente vários sistemas de teste rápido para ajudar os microbiologistas a identificar os seus isolados. O sistema API é um desses sistemas. Este sistema tem quatro tipos de tiras, ou seja, API 20 E, API 20 NE, ID 32 GN e Rapid ID 32 E, e possui uma base de dados de reacções bioquímicas para *Aeromonas* que pode ser utilizada para identificar os isolados. A tira Api20E foi utilizada para comparar os perfis bioquímicos e enzimáticos da bactéria *Aeromonas hydrophila* (Monica *et al.,* 2010 e Ghenghesh *et al.* 2013). O outro teste é o sistema VITEK 2, que identificou corretamente ao nível da espécie. O sistema VITEK 2 é um sistema de identificação microbiana automatizado que fornece resultados altamente precisos e reprodutíveis. Com os seus cartões de reagentes colorimétricos e os avanços de hardware e software associados, o VITEK 2 oferece uma plataforma tecnológica de ponta para métodos de identificação fenotípica. O cartão contém os seguintes 30 substratos: 2,4,4'-tricloro-2'-hidroxi-difeniléter, triptofano, acetamida, esculina, indoxil-β-D-glucósido, ureia, citrato, malonato, polimixina B, *p-cumárico,* tiossulfato de sódio, sulfato ferroso de lactato, δ-nitrofenil-β-D- galactopiranosido, isopropil-β-D-tiogalactopiranosídeo, lisina, arginina, ornitina, proteose peptona, glucose, lactose, maltose, manitol, xilose, rafinose, sorbitol, sacarose, inositol, adonitol, ramnose e L-arabinose. A suspensão bacteriana em solução salina a 0·45% foi injectada no cartão de acordo com as instruções do fabricante. Após a inoculação, o cartão foi incubado no sistema Vitek a 37°C até que o resultado fosse produzido. Após 8-9 horas de incubação park *et al* 2003. Os métodos clássicos dependem basicamente de dados fenotípicos, que também são demorados e dispendiosos. Os vários métodos de impressão digital podem ser classificados em termos

gerais Impressão digital de ADN por análise de enzimas de restrição do ADN genómico em eletroforese de gel de campo pulsado (Sarkar *et al.,* 2012) .
A técnica molecular mais frequentemente utilizada no laboratório clínico para a identificação do género e da espécie de bactérias *Aeromonas* é a sequenciação do gene 16S rRNA (Hua *et al.*,2 004; Janda e Abbott, 2007; Al-Benwan *et al.*,2007). O gene 16S rRNA é essencial para as bactérias e tem sido utilizado como um marcador molecular específico para a sua identificação (Alperi *et al.*, 2008; Singh *et al.*, 2012). *A A. hydrophila* pode apresentar caraterísticas ligeiramente diferentes, dependendo do ambiente a partir do qual foi isolada. No entanto, todos estes métodos têm sido utilizados para estudos epidemiológicos ou para diferenciar estirpes da mesma espécie ou para confirmar a espécie do génerol(Sarkar *et al.,* 2012) . Os métodos de PCR foram desenvolvidos para a identificação de rotina das espécies de *Aeromonas* mais frequentemente envolvidas em doenças humanas (Sen, 2005) e para detetar geneticamente genes de virulência putativos (Singh *et al.,* 2012).

1.3. Mecanismos bacterianos de resistência aos antibióticos

A resistência aos antibióticos é uma questão importante para a saúde humana. Existem muitos documentos que referem uma ligação entre a utilização de antibióticos em animais destinados à produção de alimentos e o aparecimento de resistência aos antibióticos em *salmonelas*, *Escherichia coli*, enterococos e campylobacter em animais tratados, bem como a transferência destes organismos resistentes para os seres humanos (ou dos seus genes de resistência para agentes patogénicos humanos) através dos alimentos (Akinbowale, *et al.*, 2006).
A resistência aos antibióticos ocorre normalmente em resultado da inativação ou modificação do fármaco, da alteração do alvo ou da redução da acumulação associada à diminuição da permeabilidade e/ou ao aumento do efluxo
Nos últimos tempos, o público ficou cada vez mais alarmado com os novos dados científicos que chegaram aos meios de comunicação populares sobre a relação entre a utilização excessiva de antibióticos (ou, mais exatamente, de medicamentos antimicrobianos), tanto na medicina como na indústria agrícola e agroalimentar, e o aparecimento e propagação de bactérias resistentes aos antibióticos. São necessárias duas condições para que a resistência aos antibióticos se desenvolva nas bactérias. Primeiro, o organismo tem de entrar em contacto com o antibiótico. Depois, tem de se desenvolver resistência contra o agente, juntamente com um mecanismo para transferir a resistência para organismos filhos ou diretamente para outros

membros da mesma espécie (Khachatourians, 1998).

As bactérias desenvolveram vários mecanismos que lhes conferem uma tabela de resistência aos antibióticos (1-1).

Tabela (1-1): Modos de ação e mecanismos de resistência dos antibióticos normalmente utilizados (Davies e Davies, 2010).

Classe de antibióticos	Exemplo(s)	Objetivo	M<κle(s) de resistência
^-Lactâmicos	Penicilinas (ampicilina), cefalosporinas (cefamicina), penems (meropenem), monobactâmicos (aztreonam)	Biossíntese de peptidoglicanos	Hidrólise, efluxo, alteração do alvo
Aminoglicosídeos	Gentamicm, estreptomicina, Spectinomycm	Tradução	Fosforilação, acetilação, nucleotidilação, efluxo, alteração do alvo
Glicopeptídeos	Vancomicina, leicoplanm	Biossíntese de peptidoglicanos	Reprugramação da biossíntese de peptidoglicanos
Telraciclinas	Minociclina, ligeciclina	Tradução	Monooxigenação. efluxo, alvo alterado
Macrólidos	Eritromicina, azitromicina	Tradução	Hidrólise, glicosilação, fosforilação, efluxo, alvo alterado
Lincosamidas	Clindamicina	Tradução	Nucleotidilação, efluxo, alvo alterado
Estreptograminas	Synercid	Tradução	C-O liase (estreptograminas de tipo B), acetilação (estreptograminas de tipo A), efluxo, alvo alterado
Oxazolidinonas	Linezolida	Tradução	Efluxo, alvo alterado
Plienicóis	Cloranfenicol	Tradução	Acetilação, efluxo, alvo alterado
Qiiinolonas	Ciproiloxacina	Replicação do ADN	Acetilação, efluxo, alvo alterado
Sinmidinas	Trimetoprim	C| metabolismo	Efluxo, alvo alterado
Sulfonamidas	Sulfametoxazol	C_1 metabolismo Transcrição	Efluxo, alvo alterado
Rifamicinas	Rifampm		ADP-ribosilação, efluxo, alvo alterado
Lipopeptídeos	Daptomicina	Membrana celular	Alvo alterado
Péptidos catiónicos	Colistina	Membrana celular	Alvo alterado, efluxo

Estes mecanismos podem modificar quimicamente o antibiótico, torná-lo inativo através da remoção física da célula ou modificar o local alvo de modo a que não seja reconhecido pelo antibiótico (Zhi Li *et al.*, 2009).

Redução da permeabilidade das membranas interna e externa: Esta resistência devido a alterações na permeabilidade da membrana interna e externa, diminuição da absorção do fármaco para dentro da célula ou rapidamente ejectado a partir da resistência ativa dos sistemas de bomba. Como resultado de uma alteração na permeabilidade da membrana diminuiu mutações porina em estirpes resistentes podem ocorrer em proteínas(Cesur e Demiröz 2013).

1.3.2. Resistência aos antibióticos em *A. hydrophila*

Awan (2009) referiu as aeromonas que foram consideradas universalmente resistentes às penicilinas (penicilina, ampicilina, carbenecilina e ticarcilina) durante bastante tempo.

Ansari, *et al.*, (2011) descreveram que o melhor efeito antimicrobiano em *Aeromonas* é obtido através da aplicação da quinolona de primeira geração e das cefalosprinas de segunda e terceira geração.

Guerra *et al.*,(2007) verificaram que alguns isolados podiam ser considerados multirresistentes, uma vez que resistiam a mais de quatro antibióticos para além dos β-lactâmicos. Neste sentido, um isolado exibiu resistência a sete antibióticos, incluindo três aminoglicosídeos, tetraciclina, cloranfenicol e trimetoprim/sulfametoxazol), dois eram resistentes à estreptomicina, tetraciclina, cloranfenicol e trimetoprim/sulfametoxazol, dois eram resistentes a quatro aminoglicosídeos e três eram resistentes à tetraciclina e trimetoprim/sulfametoxazol. E foi registada uma correspondência com padrões semelhantes de resistência múltipla aos antibióticos *das Aeromonas*, indicando que esta é uma caraterística comum e preocupante destas bactérias, especialmente tendo em conta a sua capacidade de receber eficazmente

e transmitir. Dias *et al.*, (2012) revelaram que todas as estirpes apresentaram multirresistência aos antibióticos testados. O perfil de suscetibilidade aos antibióticos tetraciclina, ticarcilina, carbenicilina, ampicilina e eritromicina atingiu um nível de resistência superior a 80%. Foram identificadas poucas estirpes resistentes ao aztreonam e ao imipenem. Por outro lado, todas foram sensíveis à cefotaxima e à cefepima. Os resultados indicam que estas estirpes *de Aeromonas* spp. são potencialmente reservatórios de genes de resistência a antibióticos...

Ashiru *et al.(* 2011) mostraram uma resistência crescente às tetraciclinas, trimetoprim-sulametoxazol, algumas cefalosporinas de espetro alargado (ceftriaxona, cefotaxima e cefoxima) e tobramicina em estirpes de Taiwan. Outro estudo mostrou padrões de sensibilidade antimicrobiana dos isolados de Aeromonas que foram recolhidos da água e tinham de ser sensíveis à gentamicina, ao sulfametoxazol-trimetoprim, ao cloranfenicol, à ciprofloxacina, à neomicina, à tetraciclina, à estreptomicina e à eritromicina.

1.3.3. Resistência à tetraciclina em *A. hydrophila*

As tetraciclinas pertencem a uma família de antibióticos de largo espetro que inclui a tetraciclina, a clortetraciclina, a doxiciclina e a minociclina. Estes antibióticos inibem a síntese proteica em bactérias gram-positivas e gram-negativas, impedindo a ligação de moléculas de aminoacil-RNAt à subunidade ribossómica 30S e inibindo a síntese proteica. Desde a sua introdução na década de 1950, as tetraciclinas têm sido amplamente utilizadas na medicina humana e veterinária, como factores de crescimento na indústria animal e para profilaxia na agricultura e na aquicultura (Aminov, *et al.*, 2001; e Auerbach, *et al.*, 2006). As moléculas de tetraciclina são constituídas por um núcleo tetracíclico linear fundido ao qual estão ligados vários grupos funcionais. A tetraciclina mais simples que apresenta uma atividade antibacteriana detetável é a 6-desoxi-6-demetiltetraciclina (figura 1-2). As tetraciclinas são fortes agentes quelantes e tanto as suas propriedades antimicrobianas como farmacocinéticas são influenciadas pela quelação de iões metálicos Speer, *et al.*, 1992.

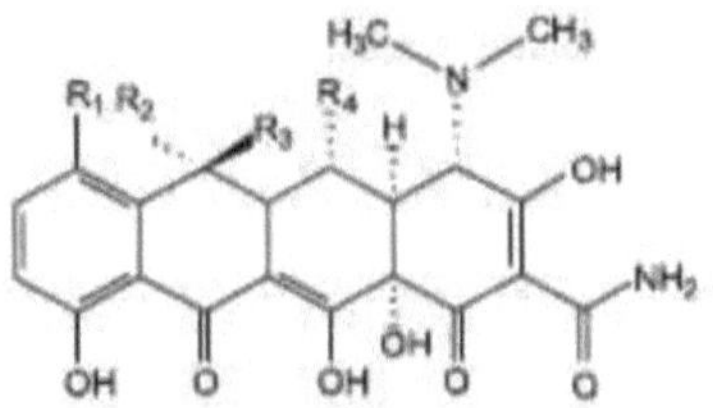

Compound	R_1	R_2	R_3	R_4
Tetracycline	H	CH_3	OH	H
Oxytetracycline	H	CH_3	OH	OH
Chlortetracycline	Cl	CH_3	OH	H
Doxycycline	H	CH_3	H	OH
Demeclocycline	Cl	H	OH	H

Figura 1-2 estrutura da tetraciclina

Nas bactérias, são conhecidos 3 mecanismos de resistência ao Tc, mediados pela figura 1-3 (Roberts, 2005).

1. Prevenção da absorção do fármaco pelas células e pelos sistemas de bombas activas: Redução da permeabilidade das membranas em resultado de mutações cromossómicas espontâneas nas bactérias em resultado da absorção do fármaco, prevenindo o desenvolvimento de resistência. A resistência ativa às tetraciclinas pode também desenvolver-se nos sistemas de bomba.

2. Proteção ribossómica: O segundo mecanismo importante que leva à resistência à tetraciclina. Os genes *tetM, tetO, tetQ, tetS* impedem que seja sintetizada uma proteína citoplasmática de ligação aos ribossomas, que é a atividade do fármaco.

Estes genes encontram-se em bactérias como as do género *Campylobacter, Mycoplasma, Ureaplasma* e *Bacteroides*. São de origem plasmídica e cromossómica.

3. O terceiro mecanismo envolve o produto do gene ***tet*** *X* de *Bacteroides*, e é o único exemplo conhecido de inativação enzimática de Tc que foi descrito até agora. Cesur* e. Demiröz ; 2013 Kim *et al.* , 2007.

As bombas de efluxo são transportadores proteicos localizados na membrana citoplasmática de todos os tipos de células. O efluxo como mecanismo de resistência aos antibióticos foi registado pela primeira vez no início dos anos 80, para a tetraciclina. São transportadores activos, o que significa que necessitam de uma fonte de energia química para desempenhar a sua função. Alguns são transportadores activos primários que utilizam a hidrólise do trifosfato de adenosina como fonte de energia, enquanto outros são transportadores activos secundários (uniportadores, simportadores ou antiportadores) em que o transporte está associado a uma diferença de potencial eletroquímico criada pelo bombeamento de iões de hidrogénio ou de sódio de ou para o exterior da célula.

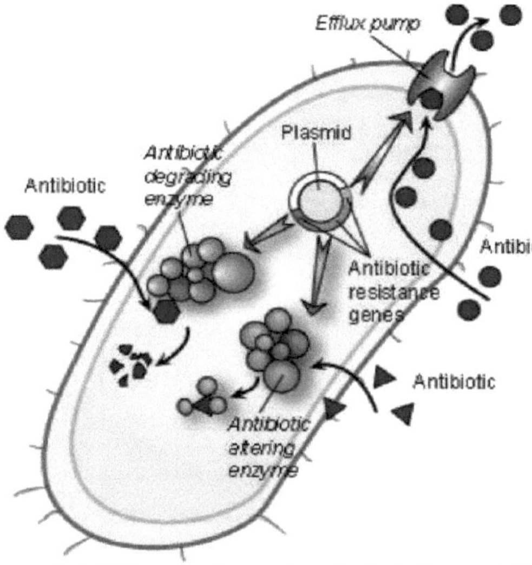

Figura 1-3: Três mecanismos de resistência à tetraciclina em bactérias (Todar, 2011).

Os transportadores de efluxo bacterianos são classificados em cinco superfamílias principais, com base na sequência de aminoácidos e na fonte de energia utilizada para exportar os seus substratos:

MF (major facilitator), MATE (multidrug and toxic efflux), RND (resistance- nodulation-division), SMR (small multidrug resistance)e ABC (ATP binding cassette)figura 1-4 (

Aminov,2000 e Webber e Piddock,2003)

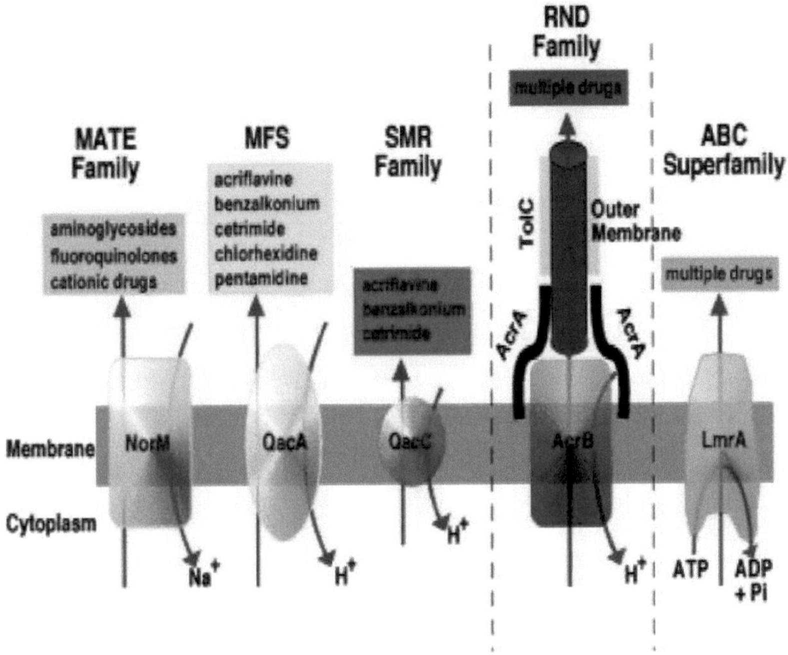

Figura 1-4: Comparação esquemática das cinco famílias de bombas de efluxo (Piddock, 2006).

A proteção ribossómica representa uma tática importante para promover a resistência às tetraciclinas tanto em espécies gram-positivas como negativas. *A Tet O* e a Tet M foram originalmente isoladas de *Campylobacter jejuni* e *Streptococcus* spp. e ambas estão amplamente distribuídas. Connell *et al.,* 2003.

Contribuindo para níveis mais elevados de resistência microbiana, especialmente entre o género *Aeromonas* (Goæi-Urriza *et al*., 2000) , existem atualmente 38 genes tet e otr diferentes descritos e incluem 23 genes que codificam proteínas de efluxo dependentes de energia, 11 genes que codificam proteínas de proteção ribossomal, e três genes que codificam uma enzima inactivadora e 1 gene desconhecido (Tabela 1-2) Roberts, 2005 e Henriques *et al,* 2008, enquanto Suzuki, 2010 Atualmente, são conhecidos pelo menos 40 genes documentados, entre os quais os genes do efluxo de fármacos e da proteína de proteção ribossómica (RPP) são os principais mecanismos de resistência aos antibióticos.

Quadro 1-2: Tipos do gene tet de acordo com os mecanismos de resistência bacteriana à tetraciclina

Mecanismo de resistência	**Genes Tet**
Bomba de efluxo	***tet A, tet B, tet C, tet D, tet E, tet G, tet H, tet I, tet J, tet Z, tet 30, tet 31, e tet K, tet L , tet P A , tet V, tet Y, otr B, tcr3*** [c]
Ribossómico proteína de proteção	***tet M, tet O, tet S, tet W, tet Q, tet T, e otr A, tetP B***
Inativação enzimática	***tetX, Desconhecido tet U, otr C***

Vários genes de resistência às tetraciclinas (genes tet) foram caracterizados e classificados em diferentes grupos de acordo com o mecanismo de resistência conferido. Nas bactérias Gram-negativas, a resistência às tetraciclinas (tc) é mediada pela proteína *TetA*, um transportador de protões-[tcÆMg] incorporado na membrana citoplasmática. Onze determinantes da resistência às tc (classes *Tet A-E, G, H, J, Z, 30* e *33*) partilham a organização de genes estruturais e reguladores (Berens e Hillen, 2003).

Aminov (2000) referiu no seu estudo que os genes da família *tet* estão frequentemente associados a elementos conjugativos e mobilizáveis, tais como plasmídeos, transposões e integrões, e a primeira nomenclatura para os determinantes da resistência às tetraciclinas foi proposta em 1989, tendo surgido uma atualização recente em 1999.

Esta caraterística poderia explicar a sua ampla distribuição entre diferentes espécies bacterianas. A caraterização molecular dos genes *tet* e dos plasmídeos que transportam estes determinantes de resistência pode ajudar a explicar como o homem e o ambiente foram afectados pelo aumento e uso indiscriminado da tetraciclina (Balassiano *et al.*, 2007).

A resistência bacteriana à tetraciclina é mais frequentemente mediada pelo bombeamento dependente de energia da tetraciclina para fora da célula bacteriana. Os genes *tet A, B, C, D, E, Y* e *I* em bactérias gram-negativas codificam esses sistemas de efluxo (Karami *et al.*, 2006). Balassiano, *et al* (2007) mostraram que os determinantes de resistência à tetraciclina mais frequentemente observados em espécies de *Aeromonas* são *tet A e tet E.* Os genes *tet M e tet D* estavam sempre presentes em associação com outros genes *tet*, enquanto *tet A* e *tet E* eram por vezes o único determinante de resistência à tetraciclina detetável. Também foi registada a ocorrência de mais do que um gene de resistência à *tet*, com a maioria dos isolados a possuir dois determinantes *tet*, tendo sido observada a combinação *tetA* e *tetE*, bem como *tet B* e *tet D/tet H* (Akinbowale *et al.* , 2006) . Entre os genes codificadores de RPP, o *tet* M é o mais comum e está presente numa gama diversificada de bactérias Gram-positivas e Gram-negativas e *micoplasmas* (Kim *et al.,* 2007). *Tet M* também foi encontrado em *Vibrio* spp., *Lactococcus garviae* e *Photobacterium damselae* (Kim *et al.* , 2004) .

Os genes *tet* que codificam proteínas de proteção ribossomal (genes codificadores de RPP), incluindo *tet M* e *tet O. tet M* é o mais comum e está presente numa gama diversificada de bactérias Gram-positivas e Gram-negativas e *micoplasmas* (Chopra & Roberts 2001, Roberts 2005). O gene *tet M* tem sido associado aos transposões conjugativos *Tn916*, *Tn1545* e a outros transposões relacionados (Kim, *et al.* , 2007).

Atualmente, a resistência à tetraciclina espalhou-se por quase todos os géneros de bactérias, sendo esta situação talvez consequência de uma utilização excessiva anterior. Entre os determinantes de proteção ribossómica, foi descrito inicialmente em estreptococos e, posteriormente, numa grande variedade de bactérias gram-positivas e gram-negativas. As sequências *relacionadas com* tet *O* foram determinadas primeiro em plasmídeos de campilobactérias, depois em estreptococos e numa bactéria do rúmen, *Butyrivibrio sp. (*Aminov, *et al.,* 2001). Os determinantes de resistência à tetraciclina mais frequentemente observados em espécies de *Aeromonas* são *tetA* e *tetE* (Balassiano, 2007). A distribuição generalizada de genes *tet* específicos como *tet M* em hospedeiros Gramnegativos e Gram-positivos apoia a hipótese de que os genes *tet* são trocados por bactérias de muitos ecossistemas diferentes e entre humanos e animais (Gevers, *et al.*, 2003).

Foram descritas cinco classes de determinantes de resistência à tetraciclina geneticamente distinguíveis, designadas *de A* a *E*, entre as bactérias gram-negativas entéricas aeróbias (Nawaz *et al.,* 2006). Vários estudos demonstraram que *o tet E* é o determinante predominante entre as diferentes classes de genes de resistência à tetraciclina (Jun, *et al.,* 2010).

Os plasmídeos são fragmentos de ADN extracromossómico que podem replicar-se independentemente do cromossoma. Os genes dos plasmídeos são geralmente responsáveis pela produção de enzimas que inactivam antibióticos. A prevalência de genes *tet E* em isolados *de Aeromonas* foi previamente descrita. Mais significativamente, foi relatado que o determinante tet *E* foi o segundo gene mais frequentemente detectado em isolados de fontes de aquacultura na Austrália e 78% dos isolados portadores de tet *E* foram identificados como *Aeromonas (* Henriques *et al.,* 2008). alguns investigadores referem A elevada prevalência de *tet(A)* e *tet(B)* foi consistente com as anteriormente relatadas para isolados de *E. coli* de uma variedade de fontes e sugere que estes genes podem ser transferidos horizontalmente. Dang *et al.* (2008) também comunicaram a prevalência de *tet A* e *tet B* em isolados de um sistema de águas costeiras altamente poluídas.

1.4. Papel dos plasmídeos na resistência à tetraciclina

Os plasmídeos são fragmentos de ADN extracromossómico que podem replicar-se independentemente do cromossoma. Os genes dos plasmídeos são normalmente responsáveis pela produção de enzimas que inactivam antibióticos.

Considera-se que a eliminação de plasmídeos também tem lugar em ecossistemas que contêm numerosas espécies bacterianas. Este facto abre uma nova perspetiva na conceção racional de medicamentos contra os plasmídeos bacterianos. A inibição da transferência conjugacional do plasmídeo de resistência aos antibióticos pode ser explorada para reduzir a propagação do plasmídeo de resistência aos antibióticos no ecossistema. A inibição da replicação do plasmídeo em várias fases, como mostra o modelo do "círculo rolante" (replicação, partição, transferência conjugativa), pode também constituir a base teórica para a eliminação da virulência bacteriana no caso da patogenicidade mediada por plasmídeos e da resistência aos antibióticos. (Spengler, 2006) . As bactérias podem receber e transferir genes de resistência a antibióticos para outras bactérias Gram negativas (Guerra *et al.,* 2007)

Alguns estudos confirmaram que os genes transferidos eram *tet A*, *tet D* e *tet M*; *tet E* não foi transferido. Este facto não é surpreendente, uma vez que o gene *tet E* foi descrito como estando associado a plasmídeos não conjugativos. No entanto, Agerso *et al.* (2007) registaram a transferência horizontal de *tet* E localizada em grandes plasmídeos em *Aeromonas* spp. provenientes de explorações piscícolas. Curiosamente, nem todos os genes *tet* possuídos por algumas estirpes dadoras foram transferidos para os receptores. As estirpes WA12 e WA14 *de Aeromonas hydrophila* eram portadoras de *tet D*, *tet E* e *tet M*, mas apenas *tet* D e *tet* M ou apenas *tet* M foram transferidas para os diferentes receptores; outra estirpe WA13 *de A. hydrophila*, que era portadora de *tet* A e *tet* M, só conseguiu transferir *tet* A para o recetor. Muitos autores descreveram a presença de plasmídeos de resistência à tetraciclina em espécies de *Aeromonas* (Balassiano *et al.,* 2007).

A resistência das Aeromonads às penicilinas e a outros antibióticos foi explicada como sendo devida à presença de plasmídeos, tendo sido especificado que *a A. hydrophila* adquire resistência aos antibióticos normalmente utilizados através da transferência de factores R. Para além da resistência aos antibióticos βlactâmicos, foram também descritos outros fármacos nas Aeromonads, como a tetraciclina, a ampicilina, a tobramicina e a canamicina (Awan *et al.*, 2009). Alguns investigadores demonstraram que o gene *tet E* está frequentemente associado a grandes plasmídeos que não são móveis nem conjugativos e outros estudos ilustraram a associação deste gene ao cromossoma. Nawaz et al. (2006), os plasmídeos recombinantes foram utilizados como modelos para as reacções de amplificação do gene *tetA*. Foi possível confirmar que o gene *tetA* está presente no plasmídeo pSS2 da estirpe Ac 5.2. Poucos trabalhadores relataram a caraterização molecular de plasmídeos de resistência a medicamentos em espécies de *Aeromonas* (Balassiano, 2007).

1.5. Perda da resistência aos antibióticos através da cura

Sabe-se que a perda celular do plasmídeo causa danos no ADN do plasmídeo e impede a sua auto-composição. A cura é efectuada por vários factores, incluindo os físicos e químicos, como o calor, o SDS, o brometo de eithidium e alguns antibióticos como a rifampicina, a coumemicina e a novobiocina (Al-husseiny ,2006). Um agente aniónico de ativação da superfície, o dodecil sulfato de sódio (SDS), é um agente poderoso para curar estirpes de *Escherichia coli* K-12 do estado infetado com factores de resistência aos medicamentos (R) ou de sexo (F). O agente também é eficaz na indução da perda de plasmídeos produtores de penicilinase de *Staphylococcus aureus* (Tomoeda *et al.* , 1974). Faraj e Ghanima (2010) provaram num estudo que a cura de plasmídeos de 7 isolados locais de *K. pneumoniae* multirresistentes e isolados de infecções do trato urinário (ITU) utilizando laranja de acridina e dodecil sulfato de sódio (SDS) foi investigada. Verificou-se que o SDS é mais eficaz na cura do que a laranja de acridina, pelo que a perda da resistência dos antibióticos com a utilização de SDS foi de 70-100%, enquanto com a laranja de acridina foi de 28-100%.

Capítulo 2

2.1 Materiais e métodos:

2-1. Instrumentos e equipamentos de laboratório

Tabela (2-1): Equipamento e instrumentos utilizados neste estudo

-	Instrumentos e equipamentos	Empresa / origem
-	Parafilme	BDH/Inglaterra
-	Unidade de eletroforese em gel	Bioneer / Coreia
-	Armário de segurança para laboratório	Bioaeraeuro Lone Division / Itália
-	Nano gota	Biotek/USA
-	Sistema compacto VITEK 2	BioMérieux /França
-	Frigorífico	Concórdia/Líbano
-	Tubo liso	DMD-DISPO/ Síria
-	Tubo de polietileno	DMD-DISPO/ Síria
-	Tubo de parafuso	DMD-DISPO/ Síria
-	Diferentes tamanhos de micropipetas	Eppendorf /Alemanha
-	, Tubo Eppendrof	Eppendorf /Alemanha
-	Destilador	GFL /Alemanha
-	Misturador Vortex	Griffin /Alemanha
-	Autoclave	HirayamaJapão
-	Placa de aquecimento com agitador magnético	Heidolph/Alemanha
-	Centrifugadora	Hettich/Alemanha
-	Centrifugação de arrefecimento	Hettich/Alemanha
-	Micro-centrifugação	Hettich/Alemanha
-	Iluminador UV-trans	Herolab/ Alemanha
-	Incubadora	Memmert /Alemanha
-	Forno	Memmert /Alemanha
-	Balanço elétrico sensível	Mettertoledo/ Alemanha
-	Banho-maria, ,	Memmert /Alemanha
-	Microscópio de luz	Olympus/Japão
-	Queimador	Shndron/Inglaterra
-	Fio - Laço	Shndon /Inglaterra
-	Pétricos	Sterilin/ Inglaterra
-	Sistema de termociclador (PCR)	Techne / EUA
-	Centrifugadora de 50 ml	Vision Scientific/ Coreia
-	Medidor de pH	WTW/Alemanha

2-1-2: Materiais biológicos e químicos

Tabela (2-2): Os materiais biológicos e químicos utilizados neste estudo

Não.	Produtos químicos	Empresa / origem
A.	Desoxicolato de sódio	BDH/Inglaterra
B.	Sulfato de sódio dodecílico (SDS)	Biometra/EUA
C.	Tampão TBE (Tris-Borato EDTA)	EURx/ Polónia
E.	Agarose	EURx/Polónia
F.	Ecodye DNA (solução de coloração)	EURx/Polónia
G.	Corante violeta cristalino	Fluka/Suíça
I.	Glicerol	CCG/Inglaterra
J.	Solução de ureia	Himedia /Índia
K.	Brometo de etídio	Promega/ EUA
L.	Etanol absoluto	Merk/Alemanha
M.	Água destilada livre, corante de carga	Promega/ EUA
N.	Peróxido de hidrogénio (H_2O_2)	Rola/Síria

2-1-3: Meios de cultura: Tabela (2-3): Meios de cultura utilizados no isolamento de bactérias

Não.	Meio de cultura	Fabricante (Origem)
1.	Base de ágar ureia	Biolife (Itália)
2.	Água peptonada, ágar-ferro Kligler, caldo Luria, ágar infusão de coração cerebral-ágar-glicerol.	Himedia (Índia)
3.	Ágar citrato de Simmon	Mast Diagnostic (Reino Unido)
4.	Ágar-sangue base, ágar MacConkey, Ágar Muller-Hinton, Meio de motilidade, Caldo de nutrientes, Meio de aglutinação de sacarose com sal biliar e citrato de tiossulfato (TCBS)	Oxoid (Reino Unido)

2-1-4: Discos de antibióticos:

Tabela (2 -4): Discos de antibióticos (Himedia, Índia) utilizados neste estudo

Classe	**Antibiótico**	**Símbolo**	**Conteúdo**
β-Lactâmicos /β-inibidores da lactamase	Amoxi/ácido clavulânico	AMC	30 μg
Penems	Imipenem	IMP	10 μg
	Meropenem	MEM	10 μg
Aminoglicosídeo			
	Gentamicina	CN	10 μg
	Tobramicina	TM	5 μg
	Amicacina	AK	10 μg
Cefemas	Ceftazidima	CAZ	30 μg
	Cefotaxima	CTX	30 μg
Flouroquinolonas	Ciprofloxacina	CIP	10 μg
Tetraciclina	Tetraciclina	TE	10 μg
Fenicóis	Cloranfenicol	C	30 μg

2.1.5- Os kits comerciais e o kit de purificação do ADN genómico.

Quadro 2-5: kits comerciais e kit de purificação do ADN genómico

NÃO.	**Tipo de kit**	**Empresa / origem**
1.	Kit do sistema Vitek 2	Biomerieux /França
2.	Kit de extração de ADN genómico	EURx /Polónia
3.	Mini kit de extração de ADN de plasmídeo	Favorgen Biotech / Taiwan
4.	Mistura principal verde	Genealogia /Coreia

2.1.6-Marcador de ADN:

Quadro 2-6: Marcador molecular de ADN

Marcador de ADN	**Descrição**	**Origem**
Escada de 100 pb com corante de carga	100-1500 pares de bases (pb). A escada é constituída por 12 fragmentos de ADN de cadeia dupla com tamanhos de (100, 200, 300, 400, 500, 600, 700, 800, 900, 1000, 1200 e 1500 pb). O fragmento de 500 pb apresenta-se com o triplo da intensidade dos outros fragmentos e serve de referência. Todos os outros fragmentos aparecem com a mesma intensidade no gel.	Bioneer Corporation (Coreia)

2.1.7 Primers de PCR

-Genes das proteínas de efluxo *tet A* , *tet B, tet C, tet D, tet E, tet G* e *tet L,* e

-Genes da proteína de proteção ribossomal *tet M* e *tet O* utilizando diferentes iniciadores de resistência.

Quadro 2-6: Sequência e concentração dos iniciadores para a frente e para trás

Objetivo	**Nome do iniciador**	**Sequência de Oligo (5 →3)**	**Produto (Pb)**	**Ref.**
16sRNA	F	CCA GCA GCC GCG GTA ATA CG	300 pb	(Nawaz *et al,* 2006)
	R	TAC CAG GGT ATC TAA TCC		
TetA	F	GCT ACA TCC TGC TTG CCT TC	211 pb	
	R	GCA TAG ATC GCC GTG AAG AG		
Tet B	F	TCA TTG CCG ATA CCA CCT CAG	391 pb	
	R	CCAACCATCATGCTATTCCATCC		
TetC	F	CTGCTCGCTTCGCTACTTG	897 pb	
	R	GCCTACAATCCATGCCAACC		
TetD	R	TGTGCTGTGGATGTTGTATCTC	844 pb	
	F	CAGTGCCGTGCCAATCAG		
TetE	R	ATGAACCGCACTGTGATGATG	744 pb	
	F	ACCGACCATTACGCCATCC		
TetG	R	CGGCCAAGTGCCTGCGAGCCCTATGGGTC	241 pb	(Dorsch, 2007)
	F	CGGGAACACCATCCATCCCTGCGTGGC		
TetL	R	GGAACACATGAGTGTGTATTAGTTTTCTGG	311 pb	
	F	CCTACAATTGCTAATACCCTGTTCCCTCTG		
TetM	R	CCTAACATGTCATTTATATGGAGAAGACC	305 pb	
	F	CGAAAATCTGCTGGCGAGTACTGAACAGGGC		
TetO	R	CCGCCAAATCCTTTCTGGGCTTCTGTGTCGG	354 pb	
	F	CGCCCGTGAGAGATATTCCTGCGGTGC		

2.1.8 Condições de PCR convencionais:-

Condições de PCR convencional para os genes do 16SrRNA e da proteína de efluxo *tet A,B,C,D,E,G,*e,*L,*gene da proteína de proteção ribossómica, tetMe ,*O.*

Após a desnaturação inicial a 94 °C durante 2 minutos, foram aplicados os seguintes perfis de temperatura para a amplificação de fragmentos do gene de resistência à tetraciclina durante 40 ciclos.

Tabela 2- 7 : Programa PCR que se aplica no termociclador.

Tet-alvo	Desnaturação do iniciador	Recozimento do iniciador	Extensão do primário
16sRNA	94 c durante 30 segundos.	52 c durante 30 segundos.	72 c durante 30 segundos.
Tet A	94 C durante 30 segundos.	63 c durante 30 segundos.	72 c durante 30 segundos.
Tet B	94 c durante 30 segundos.	58 c durante 30 segundos.	72 c durante 30 segundos.
Tet C	94c durante 45 segundos.	65 °C durante 45 segundos.	72 c durante 10 segundos.
Tet D	94 c durante 30 segundos.	64 c durante 30 segundos.	72c durante 40 seg.
Tet E	94 c durante 45 segundos.	65 °C durante 45 segundos.	72c durante 10 segundos.
Tet G	94 c durante 30 segundos.	63 c durante 30 seg. .	72 c durante 30 seg. .
Tet L	94 c durante 30 segundos.	52 c durante 30 segundos.	72 c durante 30 segundos.
Tet M	94 c durante 30 segundos.	52 c durante 30 segundos.	72 c durante 30 segundos.
Tet O	94 c durante 30 segundos.	62 c durante 30 segundos.	72 c durante 30 segundos.

2.2. Métodos:

2.2. Preparação de reagentes, soluções e meios

2.2.1 . Reagente de oxidase:

Este reagente foi fornecido pela empresa produtora sob a forma de tiras e discos, que foram utilizados como indicador no teste da oxidase (MacFaddin, 2000).

2.2.2 Reagente de catalase:

O reagente foi preparado numa concentração de 3% de H_2O_2 e utilizado para identificar a capacidade das bactérias para produzir a enzima catalase (MacFaddin, 2000).

2.2.3 Reagente de teste de cordas

Para a preparação da concentração de 0,5% de desoxicolato de sódio, 0,5 g deste material foi dissolvido em 100 ml de D.W., este reagente foi utilizado para diferenciar *Vibrio* sp. de *Aeromonas* spp. (Perilla *et al.* 2003)

2.3. Preparação da solução.

2.3.1 Solução padrão de McFarland

O objetivo desta solução (0,5) era preparar uma suspensão padrão de *Aeromonas hydrophila* para o sistema Vitek 2 e para o teste de suscetibilidade antimicrobiana.

2.4. Soluções de ADN e de eletroforese em gel

2.4.1 . Solução de brometo de etídio:

A concentração da solução (0,5%) foi fornecida pela empresa fabricante e utilizada como indicador de ADN na eletroforese (Sambrook e Russel, 2001).

2.4.2 Solução Ecodye

Esta solução foi fornecida pela empresa fabricante, como corante na eletroforese em gel.

2.5. Manchas

2.5.1 Coloração de Gram

Esta coloração foi equipada pela empresa fabricante e utilizada para estudar a morfologia e a disposição das células bacterianas (Forbes *et al.*, 2007).

2.6. Preparação dos meios de cultura:

Os meios de cultura foram preparados de acordo com as informações descritas nos recipientes e esterilizados no autoclave (121°C durante 15 min. sob 1,5 bar) e, para garantir que estes meios não estavam contaminados, foram colocados na incubadora a 37°C durante 24 horas e depois colocados no frigorífico. Os meios de cultura importantes para o diagnóstico foram preparados segundo o método seguinte:

Os meios de cultura gerais descritos abaixo foram preparados pelos métodos de rotina e utilizados nas experiências adequadas:

2.6.1 Meio alcalino de água peptonada:

Este meio foi preparado de acordo com a empresa fabricante, depois o pH deste meio foi ajustado para 8,6 e esterilizado em autoclave. Este meio foi utilizado como enriquecimento para *A. hydrophila* (Gomez-Gil e Roque, 2006).

2.6.2 Meio de aglutinação de tiossulfato, citrato, sal biliar e sacarose (TCBS)

Foi preparado de acordo com as informações recomendadas na embalagem. Foram dissolvidos 89 g de pó de meio em 1000 ml de água destilada, depois aquecidos com agitação até à ebulição sem necessidade de autoclavagem, depois arrefecidos a 45°c e vertidos em placas de Petri esterilizadas. Este meio foi utilizado para a diferenciação de bactérias (Henry,

1996).

2.6.3 Meio de ágar sangue:

O meio de ágar-sangue foi preparado de acordo com MacFaddin (2000) dissolvendo 40 g de base de ágar-sangue em 1000 ml de água destilada e autoclavado a 121°C durante 15 minutos, depois arrefecido a 50°C e adicionado 5% de sangue humano. Este meio foi utilizado para cultivar estirpes bacterianas e para determinar a sua capacidade de hemólise do sangue.

2.6.4 Meio de ágar MacConkey:

O meio de ágar MacConkey foi preparado de acordo com o método descrito pela empresa fabricante e é utilizado para o isolamento primário da maioria das bactérias Gramnegativas e para a diferenciação das bactérias que fermentam a lactose das que não fermentam a lactose (Forbes *et al., 2007*)

2.6.5 Meio de caldo de nutrientes:

O meio de ágar nutriente foi preparado de acordo com as instruções da empresa fabricante. Foi utilizado para a cultura de isolados de experiências gerais, para a cultura e ativação de isolados bacterianos quando necessário (MacFaddin, 2000).

2.6.6 Ágar Muller-Hinton mediam:

O meio de ágar Muller-Hinton foi preparado de acordo com as informações descritas no recipiente (Forbes *et al.*, 2007) e é utilizado em testes de suscetibilidade antimicrobiana.

2.6.7 Meio de ágar-ferro Kligler

Este meio foi preparado de acordo com as informações fornecidas pela empresa fabricante. O ágar de ferro Kligler tem sido utilizado para determinar isolados de fermentadores de glucose e lactose e a possível produção de sulfureto de hidrogénio (H_2S) como primeiro passo na identificação de bacilos gram-negativos (MacFaddin, 2000).

2.6.8 Meio de citrato de Simmons:

O meio de citrato de Simmon foi utilizado para determinar a capacidade das bactérias para utilizar citrato como única fonte de carbono (MacFaddin, 2000).

2.6.9 Meio de ágar ureia:

Este meio foi preparado através da adição de 50 ml de solução de ureia (esterilizada por filtração) a 23 gm/ml de base de ágar ureia esterilizada por autoclavagem a 121° C durante 15 minutos e arrefecida a 50° C. O pH foi ajustado para 7,1 e o meio foi distribuído por tubos de ensaio esterilizados e deixado solidificar em forma de lâmina. Este meio foi utilizado para testar a capacidade das bactérias para produzir a enzima urease ((Forbes *et al.*, 2007).

2.6.10 Meio de motilidade:

Este meio foi preparado adicionando 4 g de ágar a 100 ml de caldo nutritivo e completado com 1000 ml de água destilada. Em seguida, foi esterilizado em autoclave a 121°C durante 15 minutos. Foi distribuído em tubos. Este meio foi utilizado para detetar a motilidade bacteriana (MacFadden, 2000).

2.6.11 Meio de ágar-glicerol para infusão de coração no cérebro:

Este meio foi preparado adicionando 5 ml de glicerol a 95 ml de ágar BHI antes da autoclavagem (Forbes *et al.*, 2007).

2.6.12 Meio de caldo Luria:

O meio de caldo Luria foi preparado de acordo com as instruções da empresa fabricante. Foi utilizado para a extração de ADN e de plasmídeos (MacFaddin, 2000).

2.7. Doentes:

No total, foram recolhidas 822 amostras de fezes de doentes (algumas destas amostras foram recolhidas por esfregaço rectal (trabalho de rotina) e as outras por diarreia).

Os espécimes foram recolhidos durante o período de outubro de 2013 a fevereiro de 2014 no laboratório de saúde pública de Al-Hilla, na cidade de Hilla.

2.8. Recolha de espécimes:

Os espécimes adequados recolhidos para análise bacteriológica são descritos abaixo. Estes espécimes foram recolhidos com a ajuda de membros consultores para evitar qualquer possível contaminação. Existem dois métodos de recolha:

A. Recolha direta junto dos pacientes.

B. Recolha indireta (visita de campo aos subúrbios). As zaragatoas para cultura devem ser colocadas em tubos que contenham Carry Blair para manter a zaragatoa; cada amostra foi imediatamente inoculada em água peptonada alcalina e, após 6-8 horas de incubação, deve ser transferida para o meio adequado.

2.9. A conceção do estudo bacteriológico

Esta investigação foi realizada através de duas abordagens (Figura 2 -1): A primeira abordagem incluiu:

A. Caracteres fenotípicos para as manifestações externas como a morfologia das colónias, caracteres microscópicos, testes bioquímicos e deteção de alguns factores de virulência.

B. Os caracteres genotípicos (deteção da *A. hydrophila*) dependiam do 16S rRNA. O segundo foco representado por:

1-Deteção da resistência fenotípica (difusão em disco e CIM).

2-A deteção de resistência genotípica incluiu os genes *tet*.

Tudo isto pode ser representado pelo regime.

2.10.1- Morfologia das colónias e exame microscópico:

2.10.1. A Morfologia colonial:

Todos os espécimes foram cultivados em água peptonada alcalina, depois transferidos para TCBS, ager MacConkey por esfregaço e incubados a 37°C durante 24 horas. Cada cultura primária positiva foi identificada em função das propriedades morfológicas, tais como (forma, enxameação, odor e fermentação de lactose ou não-lactose em MacConkey) (Brenner *et al.*, 2005).

Figura 2-1: esquema das principais etapas do estudo

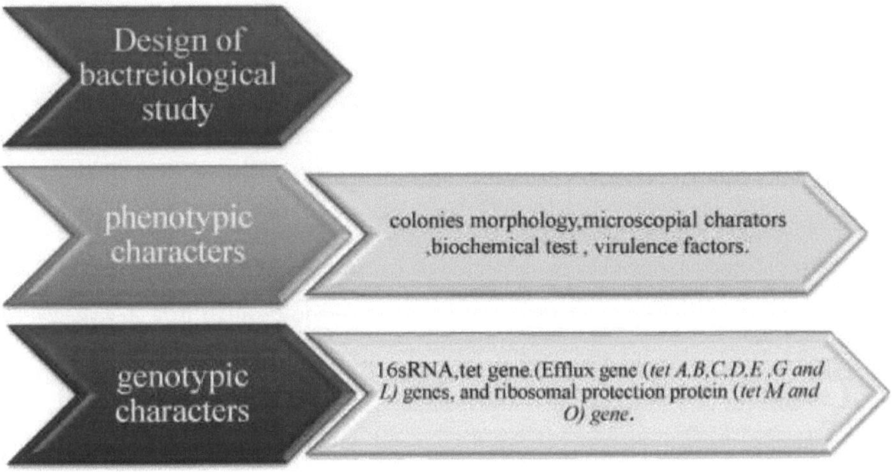

10.1.B. Exame microscópico:

A morfologia das células bacterianas foi investigada através da coloração de Gram para observar a forma, a disposição das células e o tipo de reação com a coloração de Gram (Brenner *et al.*, 2005).

2.10.1.C. Testes bioquímicos: (Apêndice 1)

1. Teste da oxidase:

Foi utilizada *uma* tira de teste de oxidase, em que uma pequena porção da colónia a ser testada foi removida e esfregada nas tiras, mudando a cor para púrpura nos 10 segundos indicados para um resultado positivo (Macfaddin, 2000).

2. Teste da catalase

transferir o crescimento pelo bife e colocá-lo na superfície de uma lâmina limpa e adicionar uma gota de (3% H_2O_2), resultado positivo quando as bolhas de gás aparecem (Macfaddin, 2000).

3. Ágar de ferro de Kliger:

Apenas as colónias que crescem no ágar MacConkey foram tocadas com um fio reto e inoculadas nos meios de cultura, esfaqueando a extremidade do tubo e estriando a lâmina de KIA. A fermentação foi detectada por uma alteração do indicador vermelho de fenol para amarelo. As alterações de pH na extremidade e na lâmina do meio foram registadas após 18-48 horas de incubação da formação de gás, que é normalmente visualizada como bolhas no meio, causadas pelo gás formado no ágar. Os organismos podem produzir H_2S a partir de um precipitado preto no ágar (MacFaddin, 2000).

4. teste do citrato de Simmon's

Esta lâmina foi inoculada com um isolado bacteriano jovem e incubada durante 24-48 horas a 37°C. O resultado positivo é indicado pela mudança da cor do meio de verde para azul (MacFaddin, 2000).

5. Ensaio de cordas

Este teste foi efectuado através da suspensão de isolados bacterianos jovens de *A. hydrophila* em solução de desoxicolato de sódio a 0,5%. O resultado positivo para *A. hydrophila* não hidrolisa a parede celular e não aparece ADN (Perilla *et al.*, 2003).

2.11. Factores de virulência dos isolados bacterianos:

A. Produção de hemolisina:

A produção de hemolisina foi realizada através da inoculação de um meio de ágar-sangue com isolados bacterianos e depois incubados a 37°C durante 24 horas. O aparecimento de uma zona clara à volta das colónias refere-se a uma hemólise completa (β-hemólise) (Macfaddin, 2000).

B. Produção de urease: Este teste foi efectuado através da inoculação de um meio de ureia com crescimento bacteriano. Os tubos foram incubados durante 24-48 horas a 37°C. A mudança de cor do meio para rosa indica um resultado positivo (MacFaddin, 2000).

C. Teste de motilidade:

Este teste foi efectuado inoculando o tubo que continha o meio semi-sólido com as bactérias testadas através de um método de punhalada e foi incubado a 37 °C durante 24-48 horas. A disseminação do crescimento para fora da linha de punhalada foi uma indicação de resultado positivo (MacFaddin, 2000).

2.12. Diagnóstico do sistema Vitek 2

Em microbiologia clínica, o Vitek®2 é utilizado como um sistema de autoanálise para a identificação (ID) de bactérias em amostras clínicas.

- O sistema Vitek 2 foi utilizado para confirmar o teste bioquímico; o ensaio foi efectuado de acordo com as instruções do fabricante.
- A idade da colónia foi de 24 horas.
- Conteúdo da solução preparada 3 ml de solução salina normal num tubo plano especial do sistema Vitek 2 inoculado com uma ansa cheia da colónia isolada.
- O tubo de ensaio foi inserido numa máquina de densificação para padronização da colónia para a solução padrão de McFarland ($1,5*10^8$ CFU/ml). (A densidade (turvação) da suspensão foi verificada utilizando um medidor de turvação calibrado chamado DensiChek). Este intervalo para as bactérias situa-se entre 0,50-0,63 McFarland.
- A padronização dos inóculos colocados na cassete de gram negativos e um número de identificação da amostra introduzido no software informático através de código de barras.
- Em seguida, indicar o número de identificação da cassete.
- A cassete é colocada no módulo de enchimento e, quando os cartões estão cheios, a cassete é transferida para o módulo de leitura (incubadora). O aparelho controla a temperatura de incubação.
- Após 24 horas, a leitura ótica dos cartões é continuamente monitorizada e os dados do teste são transferidos para o computador para análise.

2.13. Ensaio genotípico

2.13.1. Extração e purificação de ADN

a. Extração e purificação de ADN genómico (ADN total)

Uma única colónia de bactérias cultivadas, que tinha sido incubada durante a noite, foi transferida para 2 ml de caldo Louria estéril e incubada a 37∘C durante 18-20 hs. O ADN foi extraído e purificado utilizando o kit de ADN genómico. Todos os isolados clínicos foram analisados em relação ao ADN cromossómico de acordo com as instruções do fabricante, EURx. /Polónia Gene MATRIX Bacterial and Yeast Genomic DNA Purification Kit (kit de purificação de ADN genómico de bactérias e leveduras)

Universal Kit para o isolamento do ADN total de bactérias G-ve, G+ve e leveduras (apêndice I). O ADN total foi utilizado para detetar os genes 16S rRNA, da bomba de efluxo e da proteína de proteção ribossomal.

b. Extração e purificação de ADN de plasmídeo

Transferir *uma* única colónia de bactérias cultivadas, incubadas de um dia para o outro, para 2 ml de caldo Louria estéril e incubar a 37 °C durante 18-20 horas. O ADN foi extraído e purificado utilizando o kit de extração de plasmídeos High-Speed mini DNA (favorgen.) de acordo com as instruções do fabricante (apêndice I). O ADN plasmídico foi utilizado para detetar genes de efluxo.

2.12.2 Determinação da concentração de ADN:

Antes do ensaio de PCR, e a fim de quantificar a concentração de ADN (ng μL-1), a quantificação das amostras de ADN foi realizada por meio de uma leitura espectrofotométrica utilizando alíquotas de 1 μL de ADN genómico com um espetrómetro NanoDropTM (Biotek/USA), adoptando as instruções do fabricante recomendações. A concentração de ADN foi estimada a partir da absorvância a 260 nm. Os perfis de ADN foram efectuados utilizando ADN bacteriano e tampão de carga de acordo com as instruções do fabricante (Bioneer, Coreia).

2.12.3 . Perfil de ADN por eletroforese em gel

As etapas são complexas:

A. Preparação da agarose

Para a agarose preparada, dissolveu-se 1,5 g de agarose em 100 ml de tampão TBE 1X e, em seguida, ferveu-se até ficar transparente e deixou-se arrefecer a 50 c. Adicionou-se 5 μl de ecodyes e verteu-se no tabuleiro, deixou-se solidificar e, em seguida, retirou-se o pente.

B. Preparação da amostra

Uma alíquota de 2-3μl de amostra de ADN foi misturada com 3-5 μl de corante de carga.

C. Eletroforese em gel de agarose

O tampão TBE (1X) foi adicionado ao tabuleiro da cuba de eletroforese com agarose imersa na cuba de eletroforese. Cada poço foi carregado com 5μl de amostra de ADN.

A eletroforese foi efectuada a 80 volt/cm durante 1,5 horas e o gel foi visualizado com transiluminador UV (Mishera *et al*,. 2009).

Ensaio de PCR:

Este ensaio foi utilizado para detetar o gene 16S rRNA para confirmar a identificação de *A. hydrophila*. Os iniciadores foram selecionados de acordo com AL-Fatlawy e AL-Ammar (2013) e Naji (2013).

D. A mistura de reação.

A amplificação enzimática do ADN foi efectuada num volume final de 20 µl contendo o seguinte:

Para cada isolado, os conteúdos (Tabela 2-7), exceto o modelo de ADN, foram reunidos num tubo de microcentrífuga, atingindo 15 µl, depois foram adicionados 5 µl de modelo de ADN extraído ao tubo, atingindo o volume final (20 µl).

Quadro (2- 8): teor da mistura de reação .

NÃO	Teor da mistura de reação	Volume
1.	Mistura principal verde	5µl
2	Primário a montante	3µl
3	Primário a jusante	3 µl
4	Modelo de ADN	5 µl
5	Água sem nuclease	4 µl
	Volume total	20 µl

E. Condições de ciclo térmico:

A lista é apresentada no quadro (2-8)

2.14. Deteção de resistência fenotípica

2.14.1. Teste de difusão em disco (DDT):

Foi efectuada utilizando uma cultura pura de um isolado bacteriano previamente identificado. O antibiótico mais eficaz para o isolado de *A. hydrophila* foi determinado de acordo com as recomendações do CLSI (2005).

1. Os inóculos utilizados neste teste foram preparados adicionando 3-5 colónias isoladas cultivadas em placa de ágar-sangue a 5 ml de solução salina normal estéril e comparados com o tubo padrão (0,5) McFarland.

2. Utilizou-se uma zaragatoa esterilizada para obter um inóculo da suspensão bacteriana; este inóculo foi espalhado numa placa de ágar Mueller-Hinton e deixado a secar.

3. Os discos de antibiótico foram colocados na superfície do meio em intervalos uniformemente espaçados com pinças flamejadas e incubados durante 24 horas a 37 °C.

4. As zonas de inibição foram medidas com uma régua e comparadas com as zonas de inibição determinadas pelo CLSI, 2005.

2.14.2. Determinação das CIM pelo método de diluição em ágar

- O método de suscetibilidade por diluição em ágar foi utilizado para determinar as CIM de vários antibióticos.
- As gamas de diluições apropriadas de antibióticos para determinações de CIM (µg/ml) foram utilizadas conforme descrito por Miles e Amyes (1996). Os intervalos sugeridos para as CIMs para a tetraciclina foram 0,25-256 ^g/ml).
- Foram preparadas diluições adequadas de soluções de antibióticos e adicionadas aos meios de ágar Muller Hinton, que foram deixados a equilibrar num banho de água a 45-50 °C, e depois misturados cuidadosamente. A mistura foi vertida em placas de Petri e deixada a solidificar à temperatura ambiente.
- O inóculo padronizado para o método de diluição em ágar foi preparado através do crescimento de bactérias até à turvação de 0,5 McFarland.
- As placas de ágar foram marcadas.
- Foram utilizados meios isentos de antibióticos como controlos negativos e inoculados. As placas inoculadas foram deixadas em repouso à temperatura ambiente durante um máximo de 30 minutos até que a humidade das manchas de inóculo fosse absorvida pelo ágar. As placas foram invertidas e incubadas a 37° C durante 24 horas.
- Para determinar os pontos de rutura da diluição em ágar, as placas foram colocadas numa superfície escura e a CIM foi registada como a concentração mais baixa do agente antimicrobiano que inibe completamente o crescimento. Os valores da CIM foram comparados com os pontos de rutura recomendados pelo CLSI (2005).

2.14.3. Deteção de resistência genotípica

- Sequências de primers e condições de PCR: No presente estudo, os iniciadores mais frequentemente utilizados para a deteção dos genes do gene Tet, a solução de reserva destes iniciadores foi preparada de acordo com as informações da empresa fabricante indicadas Tipos de primers, sequências e condições de PCR mostrados a seguir:

Amplificação por PCR:

O ADN genómico e plasmídico foi utilizado para detetar os genes tet, (5µl) de ADN foram adicionados à mistura principal (5µl) e, em seguida, (10µl) de iniciador foram adicionados à informação da mistura rotulada com a mistura principal. As compaixões foram cuidadosamente misturadas e depois colocadas na PCR - após incubação a 94° C durante 5 min - e funcionando de acordo com as condições de cada iniciador mencionadas na tabela 2-7.

Eletroforese em gel de agarose:

A eletroforese em gel de agarose foi efectuada de acordo com o procedimento de Sambrook e Russel (2001), nas seguintes etapas:

1. A agarose (1,5 g) foi dissolvida em 100 ml de tampão TBE (1X) utilizando um banho de água a 100 °C, após o que foi arrefecida a 50 °C, e foram-lhe adicionados 5 microlitros (5%) de solução Ecodyes.

2. Deitou-se uma quantidade adequada de agarose (cerca de 1 cm de espessura) no tabuleiro e deixou-se solidificar. O pente é levantado da agarose e o tabuleiro é transferido para a câmara de eletroforese e coberto com tampão TBE (1X).

3. Cinco µl de marcador (100 bp -ladder) colocados num poço de agarose e, em seguida, o produto da PCR colocado nos outros poços de agarose, além do produto da PCR de *E. coli* utilizado como controlo negativo.

4. O processo de eletroforese foi realizado com 70-80 Volt durante 1-2 horas.

5. As bandas de ADN foram visualizadas num transiluminador UV com um comprimento de onda de 280 nanómetros.

2.15. Deteção da CIM da tetraciclina com o omeprazol

O medicamento omeprazol (20%) foi utilizado para a deteção da resistência à tetraciclina mediada pela força motriz de protões da A. *hydrophila*. Actua como fator inibidor da resistência mediada pela bomba de influxo.

Uma série de concentrações de tetraciclina foi preparada *A.hydrophila* resiste a esta série. Omeprazol foi utilizado como fator inibidor (1µl/ml). As combinações de antibiótico e omeprazolto foram adicionadas ao ágar Muller -Hinton. Os meios de ágar foram inoculados com a suspensão de *A. hydrophila* pelo método pick and patch. As placas de ágar foram incubadas a 37°C durante 24 horas.

2.16. Experiências de cura de plasmídeos:

O procedimento de Sambrook e Russel (2001) foi seguido para a cura de plasmídeos de isolados *de A. hydrophila* da seguinte forma:

1. A solução de SDS é preparada numa concentração de 10%, 15%, 20%, 25%, 30%, 35%, 40% em caldo Luria e distribuída em tubo de ensaio, sendo depois cultivada com 0,1 ml da cultura bacteriana de *A.hydrophila* e incubada a 37°C durante 24 horas.

2. A densidade de crescimento nos tubos é observada e comparada com o controlo, a fim de determinar a concentração inibitória mínima do SDS.

3. Foi escolhida a concentração que precede a concentração inibitória mínima de SDS, a partir da qual 0,1 ml é espalhado num ágar de infusão cérebro-coração e 0,1 ml da cultura de controlo é espalhado num ágar de infusão cérebro-coração, sendo depois todas as placas incubadas a 37°C durante 24 horas.

4. São selecionadas cem colónias, que são transferidas, por seleção e remendo, para um ágar muller-hinton com antibiótico.

5. Observa-se o crescimento das colónias transferidas no meio com o antibiótico, a ausência de crescimento no meio com o antibiótico e a presença de crescimento no meio sem antibiótico significa que as células perderam a caraterística de resistência ao antibiótico.

Capítulo 3

3. resultados e discussão

3.1 Isolamento de *Aeromonas hydrophila*

Os resultados deste estudo revelaram que, de 822 amostras clínicas, apenas 13 isolados (1,58%) pertenciam a *Aeromonas* spp. no entanto, também foram recuperados outros isolados bacterianos pertencentes a outros géneros semelhantes a *Aeromonas*.

A baixa taxa de isolamento desta bactéria *Aeromonas* (1,58%) pode ser atribuída ao facto de a maioria dos casos de doenças causadas por esta bactéria ocorrerem normalmente em meses quentes, enquanto a recolha de amostras neste estudo foi feita em meses frios. Aggeri *et al.* (1985) referiram que *a A. hydrophila*, à semelhança de outros agentes patogénicos entéricos, era mais frequente nos meses quentes. A frequência de casos de *A. hydrophila* durante os meses quentes foi de 1,25 casos por mês, ao passo que durante os meses frios foi de 0,83 casos por mês (Wong, 2007).

A outra razão para este resultado pode dever-se ao facto de *a A.hydrophila* infetar principalmente crianças, idosos e pessoas imunocomprometidas, enquanto este estudo se centrou em indivíduos do grupo etário jovem. A maioria dos estudos centra-se no isolamento de bactérias apenas a partir de fezes de crianças, e o facto de as bactérias *Aeromonas* ocorrerem em crianças com menos de dois anos a taxas elevadas, devido à falta de um sistema imunitário completo, e o facto de o leite em pó para bebés ter um papel importante na promoção do crescimento e reprodução das bactérias.

Num estudo local, Obaid (2013) relatou que 2,7% dos isolados *de A. hydrophila* foram recuperados de 479 pacientes de diferentes idades e sexos. Naji (2013) isolou esta bactéria de crianças, a taxa de isolamento de *A. hydrophila* foi de 4,08%. No entanto, outros autores encontraram uma taxa de isolamento mais elevada de *Aeromonas* a partir de casos clínicos. AL-Fathlawy (2012) obteve 20,17% de *A. hydrophila* a partir de amostras clínicas e ambientais. Em contraste, Borchardt *et al* (2003) mostraram uma baixa taxa de isolamento (0,66%) de *A. hydrophila* entre 2565 amostras de fezes diarreicas submetidas a um laboratório de referência clínica de Wisconcin.

Os resultados indicados na figura (3-1) mostraram que oito dos 13 isolados de genes Aeromonas foram diagnosticados como *A.hydrophila* (61,53%), enquanto os outros isolados foram distribuídos como 4 (30,76%) *A. salmoncidia* e 1 (7,69%) *A. sobria.*

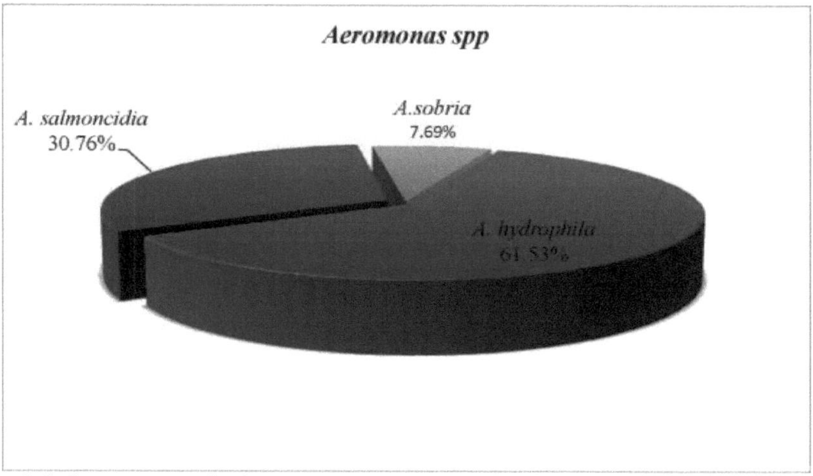

Figura 3-1: Percentagem de *Aeromonas* spp. recuperadas de amostras fecais

O resultado da taxa de isolamento no presente estudo foi semelhante ao de muitos estudos realizados em todo o mundo (Kannan *et al.*, 2001; AL-Kalidy e Yousif, 2011), que concluíram que as taxas de isolamento de *A. hydrophila* eram de 60% e 58,8%, respetivamente. Vários autores isolaram outras espécies de *Aeromonas* de pacientes com diarreia aguda com diferentes taxas de isolamento (Kannan *et al.*, 2001; Khalef *et al*, 2005). Kannan *et al.* (2001) descobriram que foram detectadas várias espécies de *Aeromonas* na diarreia aguda, nomeadamente *A. caviae* (20%), *A. veronii* (10%), *A. schubertii* (4%), *A. jandaei* (3%) e *A. trota* (3%). Khalef *et al*, (2005) referiram que foram detectadas três espécies de *Aeromonas* entre 21 isolados de *Aeromonas* provenientes de fezes, dispostas da seguinte forma *A. sobria* (71,42%), *A. hydrophila* (19,05%), *A. caviae* (9,52%).

A. hydrophila e *A. sobria* tendem a causar infeção aguda em humanos (Moyer,1987), enquanto *A. salmonicida* não pode crescer a 37°C, não é patogénica para os humanos (Altwegg *et al.,* 1990).

Os autores também referiram o isolamento de *Aeromonas* spp. a partir de diferentes amostras clínicas como sangue (63%), feridas (11%), ascite (9%), fezes (8%) e bílis (3%). Para além de diferentes locais desconhecidos do corpo (KO, 1996).

3.2 Isolamento e identificação de *A.hydrophila*

Os membros do género *Aeromonas* não são difíceis de isolar a partir de amostras clínicas no laboratório de diagnóstico, mas são frequentemente identificados erradamente como pertencentes ao género *Vibrio* ou *Plesiomonas* (Puthucheary *etal.* 2012). Os resultados das caraterísticas fenotípicas das colónias *de Aeromonas* mostraram conformidade com o que foi relatado por Janda e Abott, (2010); Chu *etal,* (2011); e Okumura *etal*, (2011) o isolamento bacteriano mostrou um bom crescimento de *A.hydrophila* em meio TCBS e os isolados produziram colónias amarelas / cor verde devido à fermentação da sacarose, com diâmetro das colónias variando de (2-3) mm. enquanto no ágar sangue, as colónias apareceram de cor cinza escuro beta-hemolítico (Figura 3-2).

No ágar MacConky formaram-se colónias pálidas relativamente pequenas e não fermentadoras de lactose (3-1). *A A.hydrophila* também apresentou um bom crescimento em condições anaeróbias, uma vez que *a Aeromonas hydrophila* é uma anaeróbia facultativa, conhecida por ser patogénica para os seres humanos (Villari *et al.*, 2003). A hemolisina produzida por algumas espécies de *Aeromonas* é denominada "aerolisina" e possui tanto atividade hemolítica como enterotóxica. Demonstrou-se que esta enterotoxina hemolítica (aerolisina) partilha uma homologia significativa com a enterotoxina citotóxica (Act) e com duas toxinas citotónicas (Alt e Ast), tal como revisto por Xu *et al.* (1998) e Ramalivhana, 2010

Quadro 3-1: Caraterísticas de *A.hydrophila* em diferentes meios de cultura

Médio	**Caracteres da colónia**
Ágar TCBS	canela amarela com diâmetro variando de (2-3)mm.
Ágar MacConky	*A* forma pálida indica que *a A.hydrophila* é incapaz de fermentar o açúcar da lactose
Ágar sangue	colónias lisas, convexas, arredondadas e β-hemolíticas e de cor branca pálida a cinzenta

A B

Figura 3-2: Caracteres de *A.hydrophila* em (A) ágar TCBS, (B) ágar sangue

O exame microscópico das bactérias coradas pela coloração de Gram mostrou que as células eram gram-negativas, em forma de bastonete, e as células apareciam isoladas ou aos pares, ou como cadeias curtas.

No presente estudo, foram efectuados alguns testes bioquímicos e os resultados foram comparados com métodos padrão (MacFaddin, 2000; Erdem *et al.* 2011; kivanc *et al.,* 2011). Todos os isolados foram positivos para oxidase e catalase. O teste de oxidase foi utilizado para diferenciar *A. hydrophila* de outras bactérias entéricas.

Os resultados também revelaram que *a A. hydrophila* tinha a capacidade de fermentar glucose no agerador de ferro Kligler (alc/ácido). *A A. hydrophila* foi negativa ao teste de cadeia e ao teste da urease. O teste do fio é utilizado para diferenciar entre isolados de *A. hydrophila* e *V. cholera* (Perilla *et al.*, 2003). Além disso, *A. hydrophila* mostrou-se positiva à heamólise e ao teste de motilidade (apêndice -3).

3.3 Identificação de *A. hydrophila* com o sistema Viteks 2

A identificação de *A.hydrophila* foi confirmada utilizando o sistema Vitek 2. Dos 13 isolados *de A.hydrophila* (identificados através de testes bioquímicos), apenas 8 isolados foram identificados como *A.hydrophila.* Os outros 5 isolados foram identificados como *A. soberi* (1 isolado) e *A. salamoncidia* (4 isolados) e apresentaram uma probabilidade percentual de identificação de 85- 99% (Anexo -4).

3.4 Identificação molecular de *A .hydrophila*

O fragmento 16S rRNA foi utilizado para a identificação molecular dos isolados de *A. hydrophila.* Os resultados revelaram que o gene 16S rRNA mostrou 100% de semelhança com *A. hydrophila* (Figura 3-3) que foram identificados anteriormente como *A. hydrophila* utilizando o sistema Vitek 2 (Anexo -2).

A identificação de *Aeromonas* ao nível da espécie é difícil e complexa devido à sua heterogeneidade fenotípica e genotípica. O tamanho do produto amplificado pela PCR do ribossómico 16S rRNA foi de 300 pb. que selecionou o primer específico para este gene de acordo com Jun *et al.*, (2010). A dificuldade em identificar *Aeromonas* ao nível de espécie foi resolvida através de diagnósticos pelo sistema viteks 2 especialmente entre *A. hydrophila* e *A. cavia* (Anexo-2). No entanto, a identificação molecular dos isolados confirmou que o isolado 8 dos isolados *de Aeromonas* spp. pertencia a *A.hydrophila* .

Vários autores referiram que o gene 16rRNA era um marcador específico e bom na identificação de todas as estirpes de *A.hydrophila* (Jun *et al.*, 2010; Chang *et al.*,2012; AL-Fatlawy e AL-Ammar, 2013; Naji, 2013).

As primeiras tentativas de identificação genotípica *de Aeromonas* com base em diferenças nas sequências de ADN ribossómico 16S foram efectuadas por Martinez-Murcia *et al.* (1992), e vários investigadores desenvolveram sondas para a deteção de várias *Aeromonas* spp. (Demarta *et a l.*, 2008; Khan *et al.*, 1999).

Não foi detectado qualquer produto quando se utilizou ADN genómico de organismos que não *a A. hydrophila.*O ARNr 16S é um alvo importante para a identificação a nível molecular. Sabe-se que a região a montante do 16S rRNA é altamente conservada de espécie para espécie, pelo que esta região também pode ser utilizada para a verificação da estabilidade termodinâmica com base nas estruturas secundárias conservadas do ARN.

Também foram detectadas diferentes fontes (para além do 16S rRNA) de *A. hydrophila* através da amplificação do gene da aerolisina (Pollard *et al.* 1990), que visa um fragmento de 209 pb do gene *aero* que codifica a toxina aerolisina. Cascon *et al.* (1996) analisaram 50 estirpes de bactérias, incluindo 14 grupos de hibridação de ADN de *Aeromonas* sp. atualmente reconhecidos, bem como outros isolados humanos e ambientais de *Aeromonas* através da amplificação do gene *lip*. Um fragmento de ADN de aproximadamente 760 pb foi amplificado apenas nas estirpes de *A.hydrophila*.

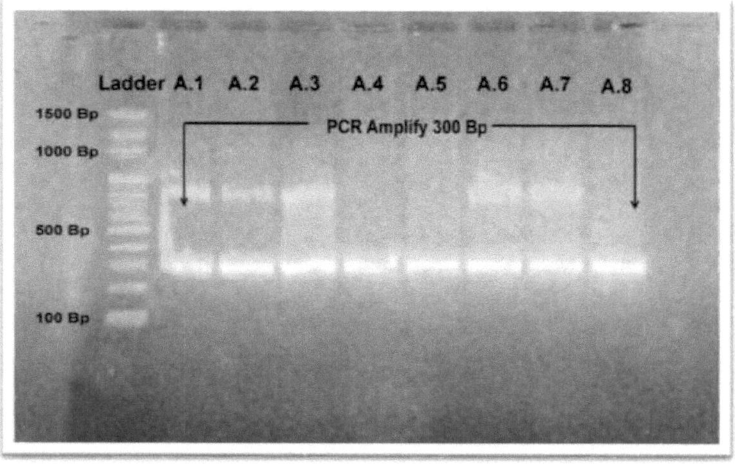

Figura (3-3) : Eletroforese em gel de agarose com coloração Ecodye (1,2%) de PCR amplificado do gene *16 SRNA* (300) bp de isolados de *A.hydrophila* .

3-5 Factores de virulência:

Neste estudo, foi detectado um grupo de factores de virulência para estudar o seu papel importante na patogenicidade de *Aeromonas*. A hemólise do sangue é considerada um dos factores mais importantes para o diagnóstico, detectado como β-heamólise. O outro fator é a capacidade da *A. hydrophila* para produzir a enzima urease. *A. hydrophila* não foi capaz de produzir urease e deu resultados negativos. Erdem et al. (2011); Jayavignesh etal. (2011) referiram que *a A. hydrophila* não produzia a enzima urease. O terceiro fator é a capacidade de mobilidade das bactérias quando testadas em meios de cultura de laboratório. Os resultados revelaram que os isolados de *A. hydrophila* foram capazes de mostrar motilidade no meio de motilidade.

As estirpes *de Aeromonas* estão divididas em dois grupos: o grupo mesófilo, tipificado por *A. hydrophila*, consistia em isolados móveis que cresciam bem a 35 a *37°C* e estavam associados a uma variedade de infecções humanas. O segundo grupo, referido como estirpes psicrófilas, causava doenças em peixes, não era móvel e tinha temperaturas de crescimento óptimas de 22 a 25°C (Al-Fatlawy e AL-Ammar 2013)

3-6 Testes de suscetibilidade antimicrobiana

3-6-1 Teste de suscetibilidade antimicrobiana por difusão em disco

Os resultados dos testes de suscetibilidade utilizando DDT dos isolados *de A. hydrophila* (n.º = 8) mostraram que 5 (62,5%) eram MDR. A definição dos padrões de resistência a antibióticos foi determinada de acordo com Magiorakos *et al.* (2012). Magiorakos *et al.* (2012) definiram o fenótipo MDR como resistência a agentes antimicrobianos representativos de pelo menos 3 classes diferentes de medicamentos. Apenas três isolados (S2, S3 e S5) foram sensíveis à maioria das classes de antibióticos (Tabela 3-3). No entanto, nenhum isolado apresentou um padrão de resistência XDR ou PDR. Os resultados também mostraram que a maioria dos isolados (87,5%) era resistente à amoxicilina-ácido clavulânico e à gentamicina. Seis dos isolados *de A. hydrophila* (75%) eram resistentes à ceftazidima, enquanto mais de metade eram susceptíveis à amicacina, à cefotaxima e à tetraciclina. No entanto, 3 isolados (37,5%) eram altamente susceptíveis (100%) ao imipenem, meropenem e cloranfenicol (Figura 3-4).

Tabela (3-2): Padrões de suscetibilidade a antibióticos dos isolados de *A. hydrophila*

Isolados	AMC 30	CAZ 10	CTX 30	IPM10	MEM 10	CN 10	AK 10	C 30	CIP 10	ET 10	Resistência Padrão
S1	R	R	R	R	S	R	S	S	S	S	MDR
S2	R	S	S	S	S	R	R	S	S	S	Sensível
S3	R	S	S	S	S	R	R	S	S	S	Sensível
S4	R	R	R	S	S	R	R	S	S	R	MDR
S5	S	R	S	S	S	S	S	S	S	S	Sensível
S6	R	R	R	S	S	R	S	S	S	S	MDR
S7	R	R	R	S	S	R	R	S	S	R	MDR
S8	R	R	S	S	S	R	S	S	S	S	MDR

- * AMC 30 = amoxi/ácido clavulânico, CAZ10 = ceftazidima, CTX30 = cefotaxima, IPM 10 = imipenem, MEM10 = meropenem, CN 10 = gentamicina, AK10 = amicacina, C30 = cloranfenicol, CIP 10 = ciprofloxaxina, TE 10 = tetraciclina.

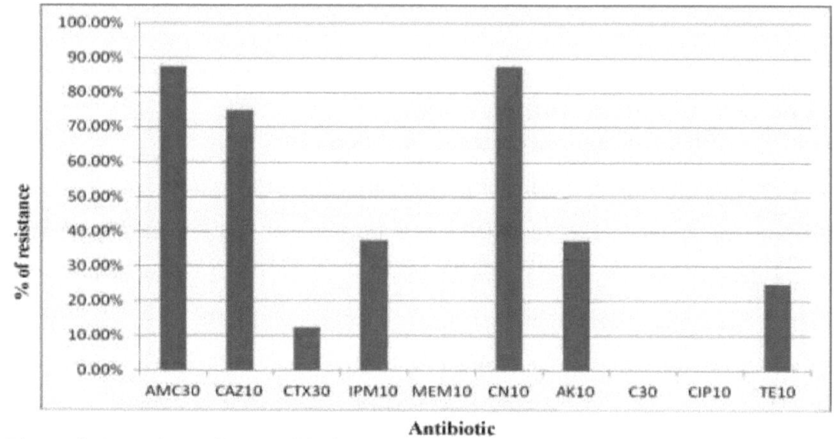

Figura 3-4: Resistência a antibióticos de *A.hydrophila* isolada de amostra fecal utilizando DDT.

No entanto, neste estudo, a suscetibilidade dos isolados de *A. hydrophila* não foi testada para estes antibióticos devido ao facto de não estarem incluídos nas documentações do CLSI publicadas de 2005 a 2014 (CLSI, 2005; CLSI, 2014).

Vários autores (Dias *etal.* 2012; Igbinosa e Okoh, 2012) encontraram resultados semelhantes relativamente à suscetibilidade à ceftazidima, cefotaxima, ciprofloxacina e cloranfenicol. Revelaram que *a A. hydrophilia* isolada de Alice apresentou uma suscetibilidade a estes antibióticos de 99%, 100%, 83,3% e 83,3%, respetivamente. As espécies de *Aeromonas* são ligeiramente susceptíveis à gentamicina. Os aminoglicosídeos (amicacina, gentamicina e tobramicina) mostraram uma excelente atividade contra quase todos os isolados das aeromonas, exceto alguns isolados de *A. cavie (*Awan *et al.*, 2009).Ashiru *etal* ,2011 mostrou que todas as espécies de *Aeromonas* (*A. caviae* , *A. sobria* e *A. hydrophila*) isoladas eram resistentes à nitrofurantoína e à augmentina e aleatoriamente sensíveis à ceftriazona, gentamicina, cotrimozazol e amoxicilina.

Abulhamd (2010) referiu que foi detectado um total de 10 estirpes *de Aeromonas* móveis em amostras de água. Os padrões de sensibilidade antimicrobiana dos isolados *de Aeromonas* revelaram que 100% eram sensíveis à gentamicina, 80% ao sulfametoxazol-trimetoprim, 70% ao cloranfenicol, 50% à ciprofloxacina, 40% à neomicina, 30% à tetraciclina, 20% à estreptomicina e 10% à eritromicina. Relativamente à resistência à tet, Ashiru *et al.* (2011) revelaram que *A. caviae, A. sobria* e *A. hydrophila* isoladas de tratamento de água eram todas resistentes à tetraciclina. Foi relatado que a resistência à tetraciclina é adquirida e codificada por plasmídeos ou transposons. Foi relatado que a inibição da tetraciclina dá uma excelente atividade contra as Aeromonads (von Graevenitz *et al.*, 1991; Pasquale *et al.,* 1994; Vivekanandhan *et al.*,2002).

Outros estudos mostraram que os testes de suscetibilidade antimicrobiana dos isolados bacterianos utilizando discos de tetraciclina demonstraram uma forte resistência à tetraciclina em vários isolados, ou seja, *Aeromonas* spp. , *Citrobacter freundi, Yersinia ruckeri, Pseudomonas putida* (Hedaytianford *etal* 2014).

As frequências e o perfil de resistência aos antibióticos variaram de acordo com a origem das estirpes. Neste sentido, um isolado exibiu resistência a sete antibióticos, incluindo três aminoglicosídeos, tetraciclina, cloranfenicol e trimetoprim/sulfametoxazol), dois eram resistentes à estreptomicina, dois eram resistentes a quatro aminoglicosídeos e três eram resistentes à tetraciclina e trimetoprim/sulfametoxazol Guerra *etal*, 2007.

3-6-2 Determinação da CIM dos isolados *de A.hydrophila*

A CIM da tetraciclina para *A.hydrophila* (NO.8) foi determinada utilizando o método de suscetibilidade de diluição em ágar duplo. Os valores da CIM basearam-se no ponto de rutura recomendado pelo CLSI (2005) para estimar a resposta. Os resultados revelaram que apenas 2 isolados (25 %) eram resistentes à tetraciclina (Tabela 3-4). A CIM destes isolados variou entre 0,125-16 µg/ml. Este resultado confirma a resistência à tetraciclina por estes isolados quando testados com DDT (Tabela 3-3).

Changhesh *et al.* (2013) registaram que a percentagem de *A. hydrophila* isolada de crianças diarreicas (n=22) à tetraciclina foi de 18,2%. Ko et al. (1997) registaram que cinquenta e um de todos os isolados de *A. hydrophila* do sangue eram susceptíveis à tetraciclina.

Fass e Barnishan (1981) efectuaram a CIM de 32 agentes antimicrobianos para 20 estirpes de *A. hydrophila* utilizando o método de microdiluição e descobriram que os valores da CIM da tetraciclina variavam entre 0,5 -2 µg/ml. Também mostraram que entre os outros agentes antimicrobianos estudados, apenas a tetraciclina, o cloranfenicol e o trimetoprim-sulfametoxazol foram consistentemente activos.

Tabela 3-3: Determinação da CIM dos isolados *de A.hydrophila*

Isolados NÃO.	CIM da tetraciclina (≥ 16 µg / ml)*
S1	0.125
S2	0.125
S3	0.125
S4	0.125
S5	0.125
S6	0.125
S7	≥16
S8	≥16

* Os números entre parêntesis indicam os pontos de paragem recomendados pelo CLSI, 2005.

Change e Bolton (1987) provaram que foram observadas diferenças nos padrões de resistência entre estirpes isoladas de diferentes localizações geográficas e entre isolados de *A. sobria* e *A. hydrophila*. Verificaram também que a suscetibilidade à tetraciclina era elevada (94,36%), consistente com relatórios anteriores da Austrália e dos Estados Unidos. Em contraste, a resistência à tetraciclina em até 49% dos isolados foi relatada em estudos da região asiática (Roman *et al.*, 2011).

Dois estudos locais realizados no Iraque concluíram que toda a *A. hydrophila* isolada de fontes clínicas e ambientais era 100% sensível à tet quando testada com DDT (Naje 2013; AL-Fatlawy 2012). Em contrapartida, Hafizah e Chenia (2007) revelaram níveis elevados de resistência à tetraciclina (78,3%) de *A. hydrophila* isolada de peixes.

3.7 Deteção molecular de *A.hydrophila* resistente à tetraciclina

A tetraciclina exerce a sua ação antibacteriana ligando-se ao ribossoma bacteriano e inibindo a síntese proteica. É um dos primeiros antimicrobianos de largo espetro e, desde que foi desenvolvida na década de 1940, tem sido produzida à maior escala de todos os antibióticos. Não só tem sido utilizado em medicina humana e veterinária, como também tem sido utilizado como promotor de crescimento na criação de animais Karami *et al.*, 2006.

No presente estudo, foram detectados os seguintes genes tet: genes de efluxo (genes *tet A,B,C,D,E ,G e L)* e genes da proteína de proteção ribossómica (*tet M e O)*. Os resultados revelaram que todos os isolados resistentes à tetraciclina eram portadores de pelo menos um dos *genes tet* examinados na tabela (3-5). *O* gene tet *A* foi o mais frequentemente observado nos isolados (NO.= 8) entre os genes de efluxo, encontrado em 6 (75%), seguido do gene tet de efluxo tet *B* em 5 (62,5%). O gene de efluxo tet *C* e a proteína de proteção ribossómica *tet O* foram encontrados em 4 (50%). O gene de efluxo *tet E* foi encontrado em dois isolados

(25%). A bomba de efluxo *tet L* e o gene de proteção ribossómica *tet M* foram detectados num isolado (12,5%). No entanto, os genes da bomba de efluxo, *tet D e G,* não foram detectados em nenhum dos isolados.

Neste estudo, os resultados revelaram que o gene da proteína de proteção ribossomal *tet O* foi detectado em 4 isolados (50%) de *A.hydrophila* (Figura 3- 5)

De acordo com o nosso conhecimento, este resultado é o primeiro registado no Iraque e em muitos outros países.

Os resultados deste estudo revelaram que ambos os dois isolados de *A.hydrophila* (NO.4&NO.7)que eram resistentes à tetraciclina quando detectados fenotipicamente pela tabela DDT &MIC (3- 4) albergavam o gene de efluxo *tet A* . Assim, a resistência à tet nestes dois isolados resistentes pode dever-se à presença do gene da bomba de efluxo *tet A*.

O gene de efluxo *tet B* só foi encontrado no isolado NO.4, enquanto o gene de proteção ribossómica *tet O* só foi encontrado no isolado NO.7 (quadro 3-4).

Os resultados de *A. hydrophila* foram recuperados de fontes clínicas, este estudo é o primeiro registo no Iraque, e também há poucos estudos disponíveis sobre a resistência à tetraciclina em *A. hydrophila* isolada de amostras humanas.

A maior parte dos estudos centrou-se nos genes tet de *A. hydrophila* em peixes, uma vez que a ampla disseminação das aeromonadas resulta da sua adaptação a diferentes meios aquáticos, incluindo lagos, rios e água potável (Mateos, 1993; *Aslani e Alikhani,* 2004).

Furushita *etal.*(2003) sugeriram que os genes *tet* de bactérias de piscicultura têm as mesmas origens que os genes de estirpes clínicas. Verificaram também que as análises das sequências indicavam a identidade dos genes tet entre as bactérias de piscicultura e as bactérias clínicas: 99,3 a 99,9% para *tet B*, 98,2 a 100% para *tet C*, 99,7 a 100% para *tetD*, 92,0 a 96,2% para *tet G* e 97,1 a 100% para *tetY*.

Igbinosa e Okoh (2012) avaliaram a prevalência de espécies de *Aeromonas* resistentes a antibióticos isoladas das estações de tratamento de águas residuais de Alice e Fort Beaufort, na província do Cabo Oriental, na África do Sul, e verificaram que *a Tet C* não foi detectada em nenhum dos isolados *de Aeromonas*.

Balassiano, 2007 analisou o envolvimento dos genes *tetA e tetE* na resistência à tetraciclina de 16 estirpes do género *Aeromonas*, isoladas de fontes clínicas e alimentares. As reacções em cadeia da polimerase revelaram que 37,5% das amostras eram positivas para *tetA*, e também 37,5% eram positivas para *tetE*. Um isolado foi positivo para ambos os genes.

A prevalência do gene de efluxo (*tet A)* 75% de *A.hydrophila* foi também registada por vários autores, Jacobs e Chenia, 2007, que isolaram *Aeromonas spp.* de sistemas de aquacultura da África do Sul e registaram a prevalência dos genes *tet A e tet E.*

Hafizah e. Chenia (2007) referiu que foram observados determinantes Tet únicos e múltiplos da família da classe A em 27% e 48,7% dos isolados, respetivamente, sendo o Tet A o tipo de determinante Tet mais prevalente. Hedayatianfard (2014) demonstrou que o gene de resistência mais amplamente distribuído era o gene *tet*(A) e que o gene de resistência menos conhecido era o *tet*(M) entre as bactérias estudadas do género *Aeromonas*. Por outro lado, Andersen e Sandaa (1994) referiram que o determinante tetA foi detectado em apenas 5% dos isolados e que o tetD foi detectado em 4% dos isolados. Por outro lado, descobriram que o determinante *tetE, encontrado* em 63% dos isolados, era o mais difundido em isolados bacterianos obtidos de sedimentos marinhos poluídos e não poluídos na Noruega e na Dinamarca.

Os resultados deste estudo revelaram que o gene da bomba de efluxo (*tet D* e *tet G*) não foi detectado em nenhum dos isolados de *A. hydrophila.*

Tabela 3- 4: Perfil genético do gene *tet* da bomba de efluxo e dos genes da proteína de proteção cromossómica em isolados de *A. hydrophila.*

Tet gene	**Número de isolamento**							
	1	2	3	4	5	6	7	8
Tet A	+	+	+	+	+	-	+	-
Tet B	+	+	-	+	+	+	-	-
Tet C	+	+	+	-	-	+	-	-
Tet D	-	-	-	-	-	-	-	-
Tet E	-	-	+	-	-	-	-	+
Tet G	-	-	-	-	-	-	-	-
Tet L	-	-		-	+	-	-	-
Tet M	-	-	-	-	+	-	-	-
Tet O	+	+	+	-	-	+	-	-

Em contraste, vários autores relataram a prevalência do gene tet de efluxo (*tet D)* em *A. hydrophila* isolada de peixes patogénicos (Aoki e Takahashi, 1987). Em conclusão, os dados de outro estudo mostraram que os isolados bacterianos provenientes de fontes de aquacultura na Austrália albergam uma variedade de genes de resistência às tetraciclinas Os *genes* tetA, tetD, tetE *e* tetM foram encontrados em *Aeromonas* spp. Não foram detectados determinantes *tetB*, *tetC* ou *tet* Y neste estudo. Curiosamente, um dos nossos isolados também continha ambos os genes *tetA* e *tetE*. Por conseguinte, é evidente que os determinantes de resistência à tetraciclina *tetE*, *tetA* e *tetD* (por esta ordem) também estão presentes na aquicultura da Austrália, tal como noutras regiões geográficas. No entanto, a ocorrência generalizada de *tetM* nestes isolados não é surpreendente, uma vez que esta classe de determinantes de resistência às tetraciclinas foi recentemente descrita na aquicultura. Petersen e Dalsgaard (2003).

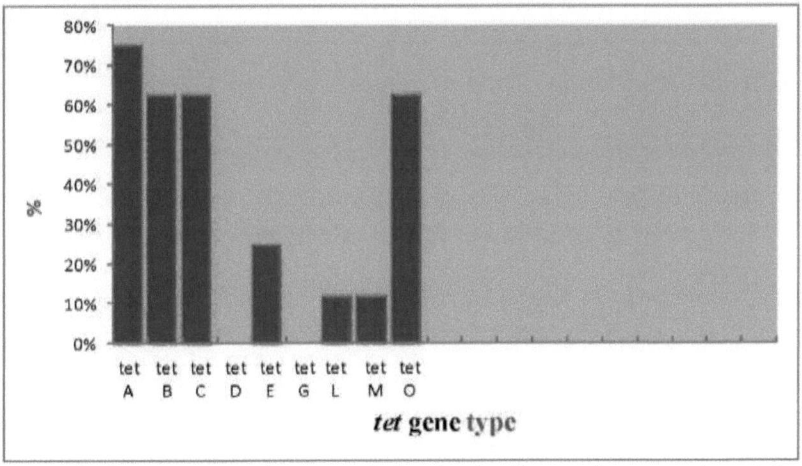

Figura 3 -5: percentagem dos genes da bomba de efluxo e dos genes da proteína de proteção cromossómica de *A. hydrophila*

Furushita *et al.* (2003), num estudo de 66 estirpes resistentes à tet isoladas de peixes recolhidos em três pisciculturas diferentes localizadas na parte sul do Japão, referiram que a prevalência de tetB foi encontrada em 31 das bactérias resistentes à tet, seguida de tetY em seis e de tetC e tetD em quatro estirpes.

Jacobs e Chenia ,(2007).a ocorrência de mais de um gene de resistência à *tet* com a maioria dos isolados possuindo dois determinantes *tet* com a combinação *tetA* e *tetE*, bem como *tetB* e *tetD/tetH*. Foram encontrados três genes *tet* (*tetD*, *tetE*, *tetM*) em duas estirpes de *Aeromonas* spp.

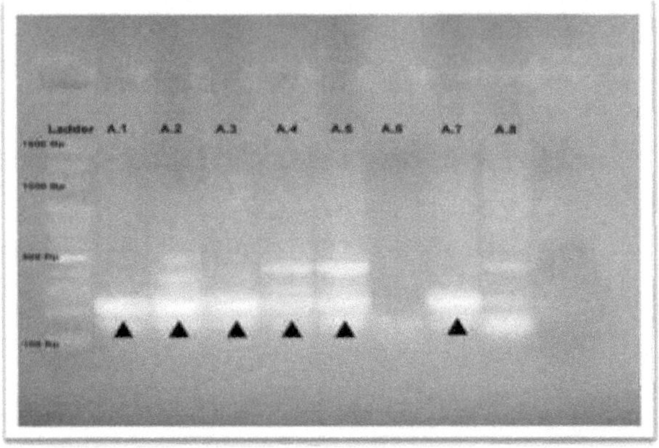

Figura (3-6): Eletroforese em gel de agarose com coloração Ecodyes (1,2 %) dos produtos amplificados por PCR a partir de ADN extraído de isolados *de A.hydrophila* e amplificado com o iniciador do gene *(tet A)* (211) bp

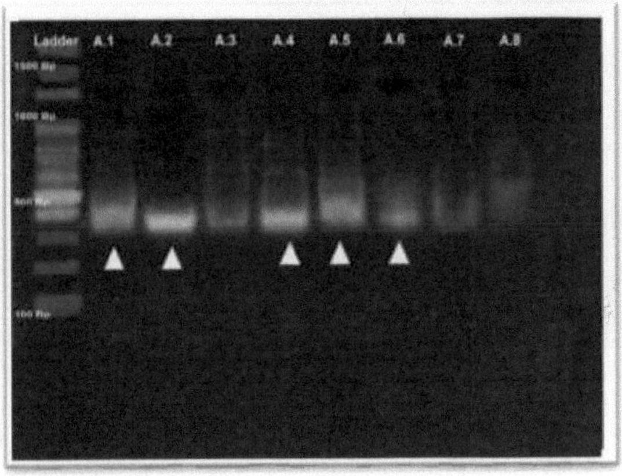

Figura 3-7: Eletroforese em gel de agarose com coloração de Ecodyes (1,2 %) dos produtos amplificados por PCR a partir de ADN extraído de isolados *de A.hydrophila* e amplificado com o iniciador (*tet b)* do gene (391) bp

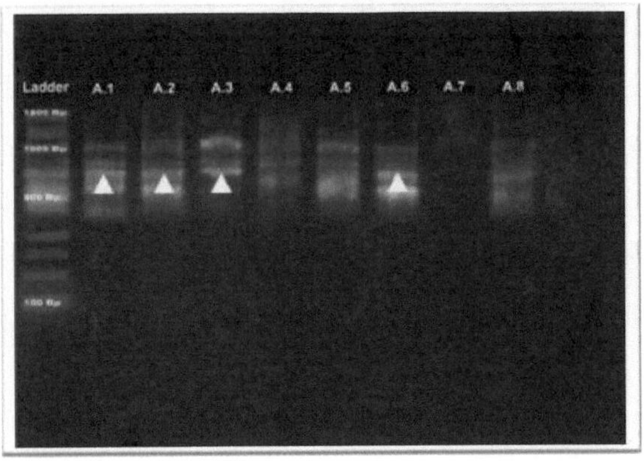

Figura 3-8 ::Eletroforese em gel de agarose com coloração Ecodyes (1,2 %) dos produtos amplificados por PCR a partir de ADN extraído de isolados *de A.hydrophila* e amplificado com o iniciador do gene (*tet C)* (897) bp

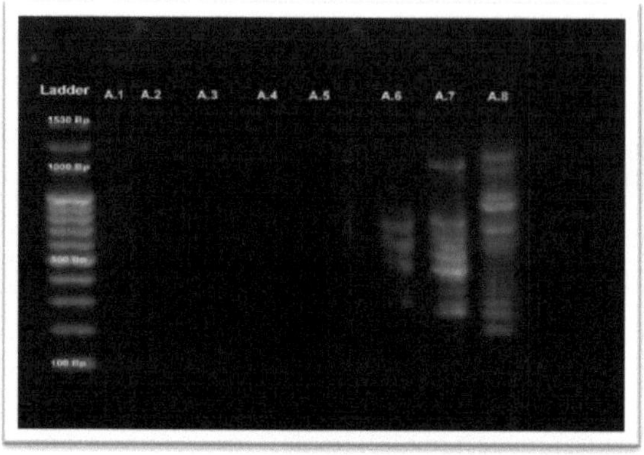

Figura 3-9: Eletroforese em gel de agarose com coloração de brometo de etídio (1,2 %) de produtos amplificados por PCR a partir de ADN extraído de isolados *de Ahydrophila* e amplificado com o iniciador do gene *(tet D)* (844)bp

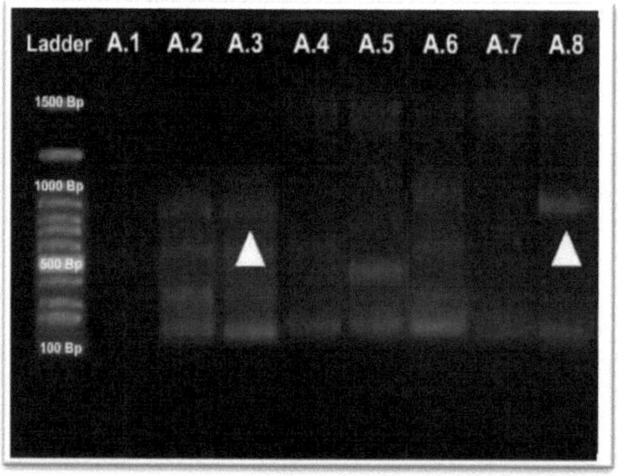

Figura 3-10: Eletroforese em gel de agarose corado com brometo de etídio (1,2 %) de produtos amplificados por PCR a partir de ADN extraído de isolados *de Ahydrophila* e amplificado com o iniciador do gene *(tet E)* (744) bp

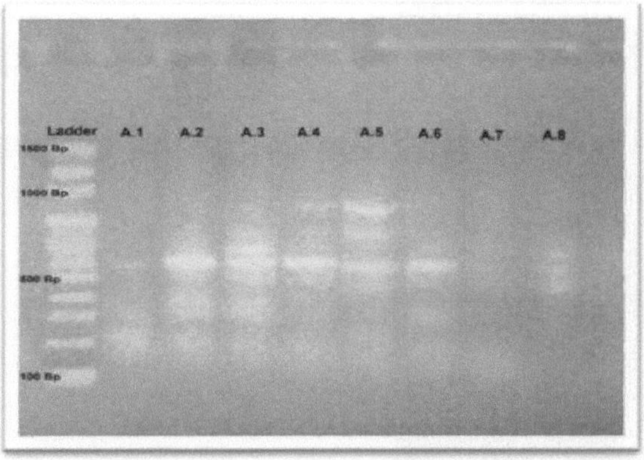

Figura 3-11: **Eletroforese em gel de agarose com coloração Ecodye (1,2 %) de produtos amplificados por PCR a partir de ADN extraído de isolados *de A.hydrophila* e amplificado com o iniciador do gene *(tet G)* (241) bp**

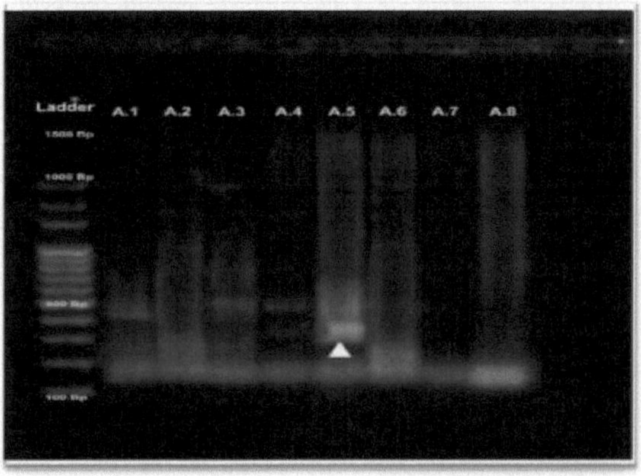

Figura 3-12: **Eletroforese em gel de agarose com coloração de brometo de etídio (1,2 %) de produtos amplificados por PCR a partir de ADN extraído de isolados *de A.hydrophila* e amplificado com o iniciador do gene *(tet L)* (311)bp**

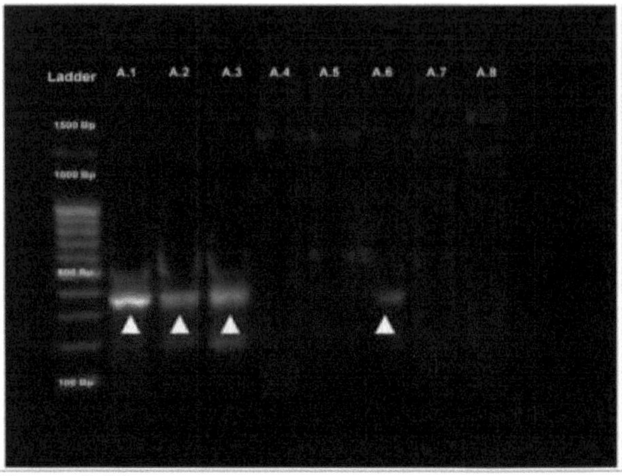

Figura 3-13: **Eletroforese em gel de agarose corado com brometo de etídio (1,2 %) de produtos amplificados por PCR a partir de ADN extraído de isolados *de A.hydrophila* e amplificado com o iniciador do gene *(tet O)* (354) pb**

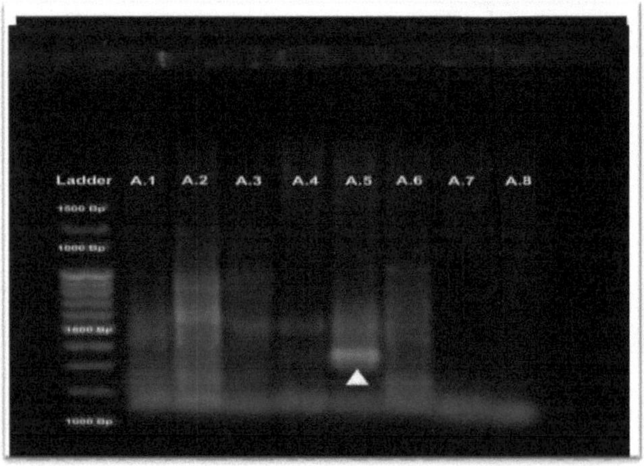

Figura 3-14: **Eletroforese em agarose corada com brometo de etídio (1,2 %) de produtos amplificados por PCR a partir de ADN extraído de isolados *de A.hydrophila* e amplificado com o iniciador do gene *(tet M)* (305) pb**

3.8 Resistência à tetraciclina mediada por plasmídeos:

Os plasmídeos desempenham um papel importante na adaptação das bactérias ao stress ambiental ou causado pelo homem. A rápida disseminação de genes de resistência aos antibióticos nas populações bacterianas, em consequência da utilização intensiva de antibióticos na medicina e na agricultura (incluindo a aquicultura), pode ser parcialmente atribuída à transferência horizontal mediada por plasmídeos. Os plasmídeos capazes de serem transferidos e mantidos de forma estável numa vasta gama de bactérias, os chamados plasmídeos de largo espetro de hospedeiros, são de especial interesse no que diz respeito à troca de genes entre espécies.

No presente estudo, a resistência à tet foi determinada se se tratava de uma caraterística cromossómica ou plasmídica. Esta caraterística foi investigada em dois isolados (4 e 7) que, fenotipicamente, pareciam resistentes à tetraciclina (Quadro 3-3). Os resultados mostraram que o gene *tet A* foi detectado apenas no isolado n.º 4. No entanto, a ausência de *Tet A* no isolado n.º 7 pode ser atribuída ao facto de esta caraterística poder ser transportada no cromossoma, especialmente devido à presença do gene de proteção cromossómica *Tet O* neste isolado. Palœ et al. (2006) referiram que, embora não tenha sido observada qualquer diferença significativa na CIM das estirpes com um e ambos os genes *tet*, continua a desconhecer-se se a presença de dois determinantes *tet* na mesma célula aumenta a resistência, uma vez que ambos os genes codificam bombas de efluxo.

Relativamente ao *gene Tet D*, os resultados revelaram que este gene foi detectado em ambos os isolados (4 e 7). No entanto, *os genes tet B, tetC, tetE, tetG* e *tet L* não foram detectados em nenhum dos isolados (quadro 3 - 5).

Uma vez que *a A. hydrophila* pode ser transferida dos animais para os seres humanos e que se demonstrou que várias propriedades fenotípicas bacterianas, como a resistência antimicrobiana ou os factores de virulência, são codificadas por plasmídeos, a presença de plasmídeos pode representar um perigo potencial para a saúde pública. Assim, a presença de plasmídeos em bactérias clinicamente importantes aumenta a sua virulência. (Spengler, 2006).

O papel destes plasmídeos pode ser identificado através da observação das suas várias caraterísticas após a sua cura (Abulhamd, 2010). Alguns estudos concluíram que o gene *tetE* está frequentemente associado a grandes plasmídeos que não são móveis nem conjugativos

(DePaola & Roberts, 1995). Outros estudos revelaram que a associação deste gene ao cromossoma também foi observada, o que pode explicar a sua distribuição limitada entre amostras ambientais, sendo mais prevalente em sedimentos marinhos poluídos (Andersen & Sandaa, 1994; Chopra & Roberts 2001).Nawaz et al. (2006) verificaram que a estirpe Ah 149 de *A. hydrophila* isolada de uma criança com diarreia num hospital brasileiro, apresentou amplificação positiva para ambos os genes *tetA* e *tetE*. Apesar do facto de a maioria dos isolados Gram-negativos transportarem apenas um tipo de gene *tet* (Chopra & Roberts 2001), alguns autores também observaram a presença de ambos os determinantes *tetA* e *tetE* em algumas estirpes *de A. hydrophila*, mas sempre numa frequência muito baixa (DePaola et al. 1988, Andersen & Sandaa 1994, Schmidt et al. 2001).Quadro 3-5: Resistência à tetraciclina mediada por plasmídeos *em A.hydrophila*

Genes Tet	A4	A7
Tet A	+	-
Tet B	-	-
Tet C	-	-
Tet D	+	+
Tet E	-	-
Tet G		
Tet L	-	-

3.7 Cura com SDS

Para a deteção da resistência à teterciclina mediada por plasmídeos em A. hydrophila, foram estudados dois isolados (7 e 8) que eram fenotipicamente resistentes à tetraciclina (quadro 3-3) utilizando o método de cura. O omprazol actua como inibidor da bomba, provocando um desequilíbrio do gradiente de protões nos lados da membrana.

Os resultados mostraram uma diminuição no valor da CIM (16 µg/ml) para os isolados resistentes à tetraciclina (7 e 8), que atingiu 4 µg ml para ambos os isolados, tornando-os susceptíveis à tetraciclina. A concentração de SDS que mostrou alta atividade para a cura foi (20%) (figura 3-16-).A FDS considera a eficácia elevada do que outros elementos físicos e químicos documentados por. Sonstein e Baldwin, 1972.

Uma comparação da taxa de cura por SDS com os efeitos de cura exercidos por temperatura elevada e brometo de etídio sugeriu que o SDS é um agente de cura de plasmídeos mais eficaz para estirpes susceptíveis de *S. aureus*. AL-ebody ,(2014) revelou que alguns isolados de enterobacteriaceae foram testados quanto à atividade fenotípica das bombas de efluxo, tendo sido demonstrado em dois isolados que os seus valores de CIM da ciprofloxacina se tornaram mais baixos na presença de omeprazol como inibidor da bomba de efluxo.

Conclusões :

As conclusões importantes do presente trabalho podem ser resumidas nos seguintes pontos:

1-Aeromonas *hydrophila* foi predominante entre outras espécies de *Aeromonas.*

2- O isolamento de *A. salmoncidia* de espécimes humanos no presente estudo representou um primeiro registo no Iraque.

3- Os resultados dos testes de suscetibilidade utilizando DDT dos isolados *de A. hydrophila* (n.º = 8) mostraram que 5 (62,5%) eram MDR.

4- Apenas três isolados (S2, S3 e S5) foram sensíveis à maioria das classes de antibióticos.

5- O gene *TetA* foi o mais frequentemente observado nos isolados (NO.= 8) entre o gene Efflux, encontrado em 6 (75%)

6- Os genes de efluxo foram mais predominantes do que os genes da proteína de proteção ribossomal na resistência à tetraciclina em *A.hydrophila* .

7- O estudo representa também uma primeira investigação local relativa à resistência à tetraciclina de *A. hydrophila* e a primeira deteção do gene da proteína de proteção cromossómica (*tet O)* em amostras fecais no Iraque.

Recomendações:

1- Utilização de técnicas moleculares para a deteção de genes de resistência aos antibióticos, tais como RT-PCR, eletroforese em gel de campo pulsado (PFGE), etc....

2- Investigação sobre o papel de outros mecanismos de resistência antibiótica à tetraciclina em *Aeromonas* spp. como a inativação enzimática.

3- Determinação das sequências dos genes de resistência aos tet (especialmente *o gene de efluxo*) de isolados locais de *Aeromonas* spp. para conhecer a sua disseminação a nível mundial.

4- Isolar A. hydrophila de fontes ambientais e estudar a capacidade da bactéria de resistir à tetraciclina

Referências

=A=

Abbott S.L., Cheung W.K.W., e Janda J.M. (2011) O Género *Aeromonas*: Biochemical characteristics, Atpyical Reactions ,and phenotypic Identification Schemes. J. Clin. Microbiol., 41 (6): 2348-2357.

Abdel -Gwad A.M., e Abdel-Rahman A.A. (2004). Isolamento e importância do grupo *Aeromonas hydrophila* em coelhos de criação na província de Assiut. Ass. Univ. Bull. Res. 7: 1.

Abdelateef.N.(2011) .Resistência antimicrobiana de agentes patogénicos entéricos isolados de doentes com gastroenterite aguda na faixa de Gaza, Palestina. Tese de mestrado em biologia, Universidade Islâmica.

Abulhamd A. (2010). Diversidade genética e suscetibilidade antimicrobiana de aeromonadas aquáticas móveis. Int. J. Chemother. Engineer. Appl.,1(1): 2010 - 2021.

Albert M. J., Ansaruzzaman M, Talukder K. A. (2000). Prevalence of enterotoxin genes in *Aeromonas* spp. isolated from children with diarrhea, healthy controls, and the environment. J. Clin. Microbiol., 38(10): 3785-3790.

Al-Benwan, K., Abbott S., Janda J.M., e Albert M. J. (2007). Cistite causada por *Aeromonas caviae*. J. Clin. Microbiol, 45:2348-2350.

AL-Ebody Z.A.W. (2014). Estudo da resistência às fluroquinolonas mediada por plasmídeos entre alguns isolados de enterobacteriaceae na província de Najaf. Tese de mestrado. Faculdade de educação para raparigas, Universidade de Kufa.

AL-Fatlawy H.N.K. (2012). Estudo bacteriológico e molecular de *Aeromonas hydrophila* isolada de amostras clínicas e ambientais. Tese de Mestrado, Faculdade de Ciências, Universidade de Kufa.

Al-Fatlawy H.N.K.; e AL-Ammar M.H. (2013). Estudo molecular de *Aeromonas hydrophila* isolada de amostras de fezes em Najaf (Iraque). Int. J. Microb. Res., 1:363366.

Al-Fatlawy H. N. K. e AL-Hadrawy H. A. (2014). Isolamento e caraterização de A. hydrophila do rio Al-Jadryia em Bagdá (Iraque). *American Journal of Educational Research,.2(8): 658-662*

AL-Husseiny A.A.A.(2006). Estudo bacteriológico e genético de bactérias causadoras de acue vulgaria .tese de mestrado em biologia Babylon uni.

Agers0, Y., Bruun, M.S., Dalsgaard, I., e Larsen, J.L. 2007. A resistência à tetraciclina gene *tet* (E) ocorre frequentemente e está presente em grandes plasmídeos transferíveis horizontalmente em *Aeromonas* spp. de pisciculturas. Aquaculture. 266 (1-4): 47-52.

Aggeri W.A., McCormick J.D., e Gurwith M.J. (1985). Caraterísticas clínicas e microbiológicas da diarreia associada *a Aeromonas hydrophila*.J. Clin. Microbiol, : 909-913.

Ahmed K. D. (2005). Cura de algumas resistências a antibióticos em isolados *de Pseudomonas aeruginosa* pela ação de dodecilsulfato de sódio e temperatura elevada. Raf. J. Sci., 16 (7) Edição Especial :.34-39.

Altwegg, M., A. G. Steigerwalt, R. Altwegg-Bissig, J. Lüthy-Hottenstein, e D. Brenner. (1990). Biochemical identification of *Aeromonas* genospecies isolated from humans. J. Clin. Microbiol ., 28: 258-264.

Aminov, R.I., Garrigues-Jeanjean, N. e Mackie, R.I. (2001).Molecular ecology of tetracycline resistance: development and validation of primers for detection of tetracycline resistance genes encoding ribosomal protection proteins. Applied and Environmental Microbiology 67, 22-32.

Aslani M.M. e Alikhani M. (2004). O papel de *Aeromonas hydrophila* na diarreia . Irão. J. pub Health, 33 (3): 54-59.

Akinbowale O. L., Peng H., e Barton M.D. (2007). Diversidade de genes de resistência à tetraciclina em bactérias de fontes de aquacultura na Austrália. J. Applied Microbiol, 103 (5): 2016-2025.

Alperi, A., Figueras,M. J., Inza, I , e Martínez-Murcia, A. J. (2008). Análise de mutações no gene 16S rRNA num subconjunto de estirpes *de Aeromonas* e o seu impacto na delimitação de espécies. Int. Microbiol., 11:185-194.

Aoki, T. e Takahashi, A. (1987) Determinantes da resistência às tetraciclinas de classe D dos plasmídeos R dos agentes patogénicos para peixes Aeromonas Hydrophilla, Edwarsiella tarda e Pasturella piscicida. Antimicrob Agents Chemother 31, 1278-1280.

Aminov R.I., Garriguis J.N., e Mackie R.I. (2001). Ecologia molecular da resistência à tetraciclina: desenvolvimento e validação de iniciadores para a deteção de genes de resistência à tetraciclina que codificam proteínas de proteção ribossómica. Appl. Environ. Microbol., 67(1).

Andersen S. R., e R.-A. Sandaa. (1994). Distribuição de determinantes de resistência à tetraciclina entre bactérias gram-negativas isoladas de sedimentos marinhos poluídos e não poluídos. Appl. Environ. Microbiol, 60:908-912.

Ansari M. ,Rahimi E. ,Raissy M .(2011). Suscetibilidade e resistência aos antibióticos de *Aeromonas spp.* isoladas de peixes. African J. of Microbial.Res. 5(31): 57725775.

Aoki T., T. Satoh, e T. Kitao. (1987). Novo determinante de resistência à tetraciclina em plasmídeos R de *Vibrio anguillarum*. Antimicrob. Agents Chemother, 31: 1446-1449.

Aravena -Roman M., Inglis T.J.J., Henderson B., Riley T.V., e Chang B.J. (2012). Suscetibilidade antimicrobiana de estirpes *de Aeromonas* isoladas de fontes clínicas e ambientais a 26 agentes antimicrobianos. Antimicrob. agents Chemother, 56(2):1110-1112.

Ashira A.W., Uaboi -Egbeni P.O., Oguntowo J.E., e Idika C. N. (2011). Isolamento e perfil antibiótico de espécies de *Aeromonas* de peixe Tilápia (*Tilapia nilotica*) e peixe gato (*Clarias betrachus*). Pak. J. Nut.,10 (10): 982 -986.

Audia, J. P.;Webb, C. C., e Foster, J. W. (2001). Ultrapassando a barreira ácida: uma resposta orquestrada ao stress protónico por bactérias entéricas. Int. J. Med. Microbiol. 291:97-106.

Auerbach, E. A., Seyfried, E. E. & McMahon, K. D.(2007).Tetracycline resistance genes in activated sludge wastewater treatment plants. Water Res. 41(5), 1143-1151.

Awan M. B., Maqbool A., Bari A., e Krovacek K. (2009). Perfil de suscetibilidade aos antibióticos de *Aeromonas* spp. isoladas de alimentos em Abu Dhabi .Emirados Árabes Unidos . New Microbiol, 32: 17-23.

-B-

Balassiano H.T., Bastos M., Madureira D. J.S. Silva I. G., Corroea N.C., e Oliveira S.S. (2007). O envolvimento dos genes de resistência às tetraciclinas tet A e tet E na resistência plasmidial e cromossômica de uma cepa brasileira. Mem Inst Oswaldo Cruz, Rio de Janeiro, 102(7): 861-866.

Brenner D.J., Krieg , N.R. e Staley ,J.S. (2005) .Bergeys manual of systematic bacteriology .vol ,2 ,2nd edition . partB, pp.556-578.

Borchardt M. A., Stenper M. E., e Standridge J.H. (2003). *Aeromonas* isolates from Human Diarrheic stool and Groundwater compared by pulsed -field gel electrophoresis. Doenças infecciosas emergentes, 9 (9).

Borrell N., Acinas S.G., Figueras M., Marti A., e Mureia N. (1997). Identificação de polimorfismo de comprimento de fragmento de genes 16SrRNA de amostragem por PCR. J.

Clin. Microb., 35(7): 1671-1674.

Cascon, A.; Yugueros, J.; Temprano, A.; Sanchez, M. ;Hernanz, C.; Luengo,J. M. e Naharro,G.(2000). Uma importante elastase secretada é essencial para a patogenicidade de *Aeromonas hydrophila*. Infection & Immunity 68(6):3233-3241.

Carnahan, A., Fanning, G. R., e S. W. Joseph (1991). *Aeromonas jandaei* (anteriormente grupo de ADN da genoespécie *A. sobria*), uma nova espécie negativa à sacarose isolada de espécimes clínicos. Journal of clinical Microbiology 29(3): 560-564.

Cesur S., e Demiroz A.P. (2013). Antibióticos e os mecanismos de resistência aos antibióticos. Medical J. Isamic world Academy of Science, 21(4):138-142.

Chang B.J., e Bolton S.M. (1987). Plasmídeos e resistência a agentes antimicrobianos em isolados clínicos de *Aeromonas sobria* e *Aeromonas hydrophila*. Antimicrob. Agents Chemother, 31(8): 1281-1282.

Chang C.I., Hung, P.H., Wu,C., Cheng, T.C.; Lin, K.J. (2012). Deteção simultânea de múltiplos patógenos de peixes usando um microarray de DNA legível a olho nu. Sensores, (12): 2710-2728.

Chan S.S.W., Ng K.C., Lyon D.J., Cheung W.L., Cheng A.F. B., e Rainer T. H. (2003). Acute bacterial gastroenteritis: a study of adult patients with positive stool cultures treated in the emergency department. Emergency Med. J., 20(4): 335-338.

Chien -Ko W., Chiang S., Lee H, Tang H., Wang Y. e Chuang Y. (2003). Actividades *in vitro* e *in vivo* de fluoroquinolonas contra *Aeromonas hydrophila*. Antimicrob. Agents Chemother, 47(7): 2217-2222.

Chien-Ko. W., Yu K. W., Leu H.S.,Yi-liu C., Huang C.T., e Chuang Y. C. (1996). Aumento da resistência aos antibióticos em isolados clínicos de estirpes *de Aeromonas* em Taiwan. Antimicrob. Agents Chemother, 40(5):1260-1262.

Chenghesh K.S., EL-Mohammady H., Levin S.Y., Zorgani A., e Tawil K. (2013). Perfil de resistência antimicrobiana de espécies de *Aeromonas* isoladas da Líbia. Libyan J. Med, 8:1-2.

Chopra, I. e Roberts, M. (2001). Antibióticos de tetraciclina: Modo de ação, aplicações, biologia molecular e epidemiologia da resistência bacteriana. Microbiol Mol Biol Rev.,65(2): 232-60.

Connell S.R., Tracz D. M., Nierhaus K. H., e Taylor D. E. (2003). Ribosomal p rotection proteins and their Mechanism of tetracycline resistance (Proteínas de proteção ribossómica e seu mecanismo de resistência à tetraciclina). Antimicrob. Agents Chemother, 47(12): 3675-3681.

Instituto de Normas Clínicas e Laboratoriais (CLSI). (2005). Normas de desempenho para testes de suscetibilidade antimicrobiana. Vigésimo terceiro suplemento informativo.

Instituto de Normas Clínicas e Laboratoriais (CLSI). (2014). Normas de desempenho para testes de suscetibilidade antimicrobiana. Vigésimo quarto suplemento informativo.

Chu, W.H e Lu, C.P. (2005). Ensaio de PCR multiplex para a deteção de *Aeromonas hydrophila* patogénica. Journal of Fish Diseases, 28: 437-441.

Chung KT, eYu FP (1990) . Sobrevivência de Aeromonas hydrophila e Escherichia coli em ambientes aquáticos Chinese Journal of Microbiology and Immunology23(2):181-188.

=H‰

Dang H. , Ren J. , Song L , Sun S., An L. (2008).Bactérias resistentes ao cloranfenicol dominantes e genes de resistência nas águas marinhas costeiras da Baía de Jiaozhou, China . Jornal Mundial de Microbiologia e Biotecnologia .24(2): pp 209-217

Das A., Vinayasree V., Santhosh C.R., e Sree Hari S. (2012). Vigilância de *Aeromonas sobria* e *Aeromonas hydrophila* a partir de géneros alimentícios comerciais e fontes ambientais. J. Experimental Sci., 3(9): 36-42.

Demarta, A., M. Tonolla, A. Caminada, M. Beretta, e R. Peduzzi (2008). Relações epidemiológicas entre estirpes de *Aeromonas* isoladas de crianças sintomáticas e ambientes domésticos, determinadas por ribotipagem. European Journal of Epidemiology 16(5): 447-453.

De Paola A., Peeler J. T., e Rodrick G. E. (1988). Caracterização fenotípica e genotípica de *Aeromonas hydrophila* resistentes à tetraciclina e à oxitetraciclina de peixes-gato de canal (*Ictalurus punctatus*) cultivados e dos seus ambientes. App. Environ. Microbiol.,61: 2335-2340.

Dias C., Mota V., Martinez -Murcia A., e Saavedra M.J. (2012). Padrões de resistência antimicrobiana de *Aeromonas spp.* isoladas de peixes Oranamentais. J. Aquacult Res. Der 3:3.

Dodd H. N. e Pemberton J.M. (1996). Clonagem, sequenciação e caraterização do gene *nucH* que codifica uma nuclease extracelular de *Aeromonas hydrophila* JMP636. J. Bacteriol.,

178(13): 3926-3933.

Dorsch M.R. (2007). Deteção rápida da resistência bacteriana aos antibióticos: evolução preliminar do ensaio PCR que visa os genes de resistência à tetraciclina. Divisão de proteção e desempenho humano.

Dumontet S., Pasquale V., Mancino M, Normanno G, e Krovacek K. (2003). Incidência e caraterização de *Aeromonas* spp. em amostras ambientais e humanas no sul de Itália," New Microbiologica, 26(2): 215-225.

IE

EPA, Agência de Proteção do Ambiente. (2006). Gabinete de água e tecnologia, D.C. *Aeromonas*: critérios de saúde humana Documento.

Elias H.M., Qader M.K., e Salih W.M. (2013). Determinação do papel do DNA plasmídico em isolados clínicos *de pseudomonas aerouginosa* multi-resistentes. Int. J. Microbiol. Immunol. Res., 1(8): 080-86.

Esteve, G., e AL Caide E. (2012). *Aeromonas hydrophila subsp. dhakensis* isolado de fezes de água e peixes na Espanha mediterrânica. Microbes Environ, 27 (4): 367-373.

Erdem B., Kariptas E., Cil E., e Isik K. (2011). Identificação bioquímica e taxonomia numérica de *Aeromonas* spp. isoladas de amostras de alimentos na Turquia. Uma tese de Ciências, Faculdade de Artes e Ciências, Universidade de Evraw, 35: 463 -472 .

≡F≡

Falkow, S. (2000). Viver nas fezes não é tão estúpido como se pensa. J. Bacteriol. 182:3319-3322.

Faraj D.N., e Chanima K. K. (2010). Cura de plasmídeos de isolados locais de *Klebsiella pneumoniae* isolados de infecções do trato urinário e o seu papel na multirresistência. Jornal Iraquiano de Ciência . (3): 415- 424.

Fass, R.J. e J. Barnishan (1981). Suscetibilidade *in vitro* de *Aeromonas hydrophila* a 32 antibióticos. Antimicrob. Agents Chemother, 19: 357-358.

Ferwana N.I. (2007). Ocorrência de *Yersinia enterocolitica* e *Aeromonas hydrophila* em amostras clínicas, alimentares e ambientais na faixa de Gaza. Tese de Mestrado, Colégio da Universidade Islâmica de Gaza, Direção de Estudos de Pós-Graduação, Faculdade de Ciências, Programa de Mestrado em Ciências Biológicas, Microbiologia.

Forbes,B.A., Daniel , F.S. e Alice ,S. W. (2007). Bailey e Scotts diagnostic microbiology .12

th ed. , Mosby Elsevier company ,USA.

Furushita, M., Shiba T., Maeda T., Yahata M., Kaneoka A., Takahashi Y., Hasegawa T. e Ohta M. (2003). Similaridade dos genes de resistência à tetraciclina isolados de bactérias de piscicultura com os de isolados clínicos. Appl. Environ. Microbiol., 69(9): 5336-5342.

Galindo, C. L., C. Gutierrez, Jr., e A. K. Chopra. (2006). Potencial envolvimento de galectina-3 e SNAP23 na apoptose de células hospedeiras induzida por enterotoxina citotóxica *de Aeromonas hydrophila*. Microb. Pathog., 40:56-68.

Garibay RI, Aguilera-Arreola MG, Ocañia AN, Cerezo SG, Mendoza MS, López JM, Campos CE, Cravioto A, Castro-Escarpulli G (2006).Serogrupos, antigénio K1 e padrões de resistência antimicrobiana de estirpes *de Aeromonas* spp. isoladas de diferentes fontes no México. Mem. Inst. Oswaldo Cruz, 101: 157-161

Gavin R, Merino S., e Tomas J. M. (2003). Mecanismos moleculares da patogénese bacteriana de um agente patogénico emergente: *Aeromonas* spp. Recent Res. Desenvolver. Infect. Immun., 1(1): 337-354.

Ghenghesh K.S.,EL-Mohammady H.,Zorgani A.(2013) Perfil de resistência antimicrobiana de espécies de *Aeromonas* isoladas da Líbia. Libyan J.Med , 8:21320.

Gevers D., Masco L., Huys G. (2003). Prevalência e diversidade de bactérias do ácido lático resistentes à tetraciclina e seus genes tet ao longo da linha de processamento de salsichas secas fermentadas. System Appl. Microbiol, 26:277-28.

Gomez - Gil, B., e Roque, A. (2006). Isolamento, enumeração e conservação das *Vibrionaceae*. In: Thompson Fabiano L, Austin Brian, Swings Jean. O
89
Biology of vibrios. American Society for Microbiology Press, Washington, DC. P. 15- 26.

Goni-Urriza, M., L. Pineau, M. Capdepuy, C.Roques, P. Caumette e C. Quentin, 2000.Antimicrobial resístanse of mesophilic *Aeromonas* spp. isolated from two European rivers. J.Antimicrob. Chemother, 46L: 297-301.

Guerra, I.M. F., Fadanelli-Raquel F.M. , Schreiner F. D. ; Anapaula L. ;Wollheim C.C.; Sergio O. P. (2007). Doença diarréica associada a *Aeromonas* no sul do Brasil: prevalência de fatores de virulência e resistência antimicrobiana. Braz. J. Microbiol., 38: 638-643.

-≡-

Hirono I., Aoki,T., and Asao T.(1992) Nucleotide sequences and characterization of haemolysin genes from *Aeromonas hydrophila* and *Aeromonas sobria* ' Microbial Pathogenesis 13(6: 433-446

Henry, J.B. (1996). Clinical Diagnosis and Management by Laboratory Methods. (19th ed.) The C.V. Mosby company . st. Louis, Washington .

Hedyatianfard M. e Sharifiyazdi H. (2014). Deteção de genes de resistência à tetraciclina em bactérias isoladas de pisciculturas usando a reação em cadeia da polimerase. fórum de pesquisa veterinária 5(4): 269-272.

Henriques I.S., Almeida A.,Cunha A., Correia A..(2004). Análise da sequência molecular da diversidade procariótica nas secções média e externa do estuário português da Ria de Aveiro. FEMS Microbiology Ecology 49 : 269-279 **Hua, H**. T., Bollet C.,Tercian, S., Drancourt M. e Raoult, D. (2004). Infeção do trato urinário *por Aeromonas popoffii*. J. Clin. Microbiol, 42:5427-5428.

=H=

Ibrahim M. B., Kinsara A. J., . Hussein B. T. A., e Osoba A.O. (1996), "Chronic colitis after *Aeromonas hydrophilia* infection, Annals of Saudi Medicine, 16(6): 674-676.

Igbinosa I.H. (2014). Perfil de antibiograma e status patogênico de espécies de *Aeromonas* recuperadas de frango. Saudi J. Biol. Sci., 21.481-485.

Igbinosy I.H., Tom M., Ignmbor E.U., Okoh A. ; e Ighdasi F. (2012). Infecções emergentes de espécies de *Aeromonas* e seu significado na saúde pública. O mundo científico J. doi: 10.1100 /2012 / 625023.

≡JJ=

Jayarignesh V., Kannan K.S., e Bhat A.D. (2011). Caracterização bioquímica e citotoxicidade da *Aeromonas hydrophila* isolada do peixe-gato. Arch. Appl. Sci. Res., 3(3), 85-93.

Jacobs. L., e Chenia H.Y. (2007). Caracterização de determinantes da integronase e da resistência à tetraciclina em *Aeromons* spp. isolados de sistemas de aquacultura do sul. Int. J. food Microbiol, 114(3): 295-306.

Janda, J. M., e S. L. Abbott. (2007). Sequenciação do gene 16S rRNA para identificação bacteriana no laboratório de diagnóstico: vantagens, perigos e armadilhas. J. Clin. Microbiol, 45:2761-2764.

Jayarajan D., Subashkumar R., Sylviamary F., Silvan S. e Elumalai E.K.. , (2014).

Disseminação de *Acinetobacter* sp. resistentes a múltiplos antibióticos resistentes ao soro em ambientes clínicos - uma nova ameaça. Eur. J. Ensaios Académicos, 1(3): 51-57.

Janda J.M.A., e Abbott S.L. (2010). O género *Aeromonas*: Taxonomia, patogenicidade e infeção. Clin Microbial Rev., 23(1):35-73.

Johny M. e Subashkumar R. (2014). Discriminação fenotípica e genotípica de *Aeromonas hydrophila* virulenta multifatorial em amostras clínicas e ambientais. Eur. J. of Academic Essay, 1(8) :10-14.

Joseph, S. W. 1996. *Aeromonas* gastrointestinal disease: a case study in causation, In: B. Austin, M. Altwegg, P. J. Gosling, and S. W. Joseph (ed.), The genus *Aeromonas*, 1st ed., John Wiley & Sons, Ltd. John Wiley & Sons, Ltd., Chichester, Reino Unido. 311.

JayavigneshV**.**, Sendesh Kannan K., e Bhat. A.D. (2011). Caracterização bioquímica e citotoxicidade da *Aeromonas hydrophila* isolada do peixe-gato. Arch. Appl. Sci. Res., 3 (3):8593.

Jun, J.W.; Kim, J.H.; Gomez, D.K.; Choresca Jr, C.H.; Han, J.E.;Shin, S.P., e Park. S.C. (2010). Ocorrência de infeção por *Aeromonas hydrophila* resistente à tetraciclina em ciprinídeos coreanos (*Misgurnus anguillicaudatus*). Afr. J.Microbiol.
Res., 4(9): 849-855.

-K-

Kannan, S.; Suresh, K. P.; Karkuzhali, K., Chattopadhyay, U. K& .Pal, D. (2001). Deteção direta de *Aeromonas* diarreicas a partir de fezes através da reação em cadeia da polimerase (PCR) orientada para o gene da toxina da aerolisina. Eur. Rev. Med. Pharmacol. Sci. 5(3),91-94.

Kaper J.B.; Lockman H. e Coiwell R.R.(1981)*Aeromonashydrophila.* Ecologia e Toxigenicidade de isolados de um estuário J. Appl. Bacteriol. 50 : 359-377.

karami N. Nowrouizian F., Adlerberth I., e Wold A.E. (2006). Resistência à tetraciclina em *Escherichia coli* e persistência na microbiota do cólon infantil. Antimicrob. agents Chemother, 50 (1):156-161

Khachatourians ,G.G.(1998) . O antibiótico e a evolução e transferência de bactérias resistentes aos antibióticos. CMAS159:1129-36.

Khajanchi B.K., Stemper M.E., Fadle A.A., Joseph. S.W.,Borchardt M.A,Moyer N.P.,Berg R.L.,ShaJ.,Homenian,A.J.,e Chopra A.K.(2010). Distribuição de factores de virulência e impressão digital molecular de espécies de Aeromonas isoladas de amostras clínicas e de água. App. and enviro.microbiol.,76(7) :2313-2325.

Kim Y., Jun L. J., Park S., Yoon S., Chung J, Kim J.C. e Jeong H. (2007). Prevalência dos genes tet (B) e TET (M) entre *Vibrio spp.* resistentes à tetraciclina nos ambientes aquáticos da Coreia. FEMS Microbiol Lett., 237:147-156.

Kim S.R., Nonaka L., Suzuki S. (2004). Ocorrência dos genes de resistência à tetraciclina *tet* (M) e *tet* (S) em bactérias de locais de aquacultura marinha. FEMS Microbiology Letters 237 (2004) 147-156

Kivanc M., Yilmas M. ,e Demir F. (2011).A ocorrência de *Aeromonas* em água potável, água da torneira e no rio Porsuk. Braz. J. Microbiol. vol.42 no.1

Khan A.A, Cerniglia C.E. (1999). Método rápido e sensível para a deteção de *Aeromonas caviae* e *Aeromonas trota* por reação em cadeia da polimerase. Letters App. Microbiol, 24:233-239.

Ko w.C, Yu K.W, Liu C.Y(1996). Aumento da resistência aos antibióticos em isolados clínicos de estirpes de Aeromonas em Taiwan.Antimicrob Agents Chemother,40:1260

Kore P.U., Kolhe R.P., Deshpande P.D., Bhong C.D., Jadhar S.N., Nagargoje A. B., Jagtap U.V., Dhandore C.V., Tumlam U.M., Pawar P.D., e Khasnis M.W. (2014). Prevalência de *Aeromonas* resistentes a antimicrobianos em lavagens de frango e peixe. Afr. J. Microbiol. Res., 8(27): 2609-2615.

Krzyminska, S.; Mokracka,J.; Koczura,R.; wiertnia .A.C, Kaznowski, A.(2011). A citotoxicidade de contacto celular mediada por *Aeromonas* spp. está associada à presença de um sistema de secreção de tipo III. Antonie van Leeuwenhoek. DOI 10.1007/s10482-011-9627-5.

-L-

Livermore D.M. (2003). Bacterial resistance: origins, epidemiology, and impact (Resistência bacteriana: origens, epidemiologia e impacto). Clinical infectious diseases, 36(1):11-23.

*

MacFaddin, J.K. (2000). Teste bioquímico para identificação de bactérias médicas. 3rd ed. Lippincott Williams and Winkins. Lippincott Williams e Winkins. A Wolter Kluwer Company. Philadelphia Baltimor. New York.

Magiorakos A.,Srinivasan P.,Carey R.B, Carmeli Y., Falagas M.E., Giske C.G.,,Harbath S.

,HindlerJ.F.,Kahlmeter G.,Olsson-Lilijequist B.,Paterson D.L.,Rice L.B., Stelling ,M.J.,Struelens M.J. ,Vatopoulos A.,Weber J.T. ,and Monnet D.L.(2012) .Multidrug-resistant ,extensively drug -resistant and pandruf- resistant bacteria: an international expert proposal for interim standard definitions for acquired resistance .clin microbial .infect 18 :268-281.

Majeed H.A. (2011). Caracterização de *Aeromonas hydrophila* isolada de pacientes com Diarreia. J. Kerbala Univ., 9(3).

Mansour A.M., Abd-Elkhalek R., Shaheen H., El-Mohammady H., Hassan K., Riddle M.; Sanders J. W., Sebeny P.J., Refaey S.; Sylvia Y.N. (2012). Carga de diarreia associada *a Aeromonas hydrophila* entre crianças com menos de 2 anos na comunidade rural egípcia. J Infect Dev Ctries, 6 (12):842-846.

Mathur M.;De A., Saraswathi K.,VaraiyaA., e Athalye S. (2003). Vibrionaceae de casos de diarreia aguda e o seu padrão de sensibilidade antimicrobiana num estudo prospetivo de um ano. Ind. J. Med. Microbiol, 21 (3) 199-201.

Mateos, D. (1993). Influência da temperatura de crescimento na produção de factores de virulência extracelulares e na patogenicidade de estirpes ambientais e humanas de *Aeromonas hydrophila*. J. App. Bacteriol., 74: 111-118.

Maraki S., Georgiladakis A., Tselentis Y., e Samonis G. (2003). Estudo de cinco anos sobre os agentes patogénicos bacterianos associados à diarreia aguda na ilha de Creta, Grécia, e a sua resistência aos antibióticos. Eur. J. Epidemiol.,18(1): 85-90.

Markov G., Kirov G., Lyutskanoy V., e Kondarer M. (2007). Fascite Nocrotizante e Mionecrose devido a *Aeromonas hydrophila*. Wounds, 19(8): 223-226.

Minana-Galbis, D., Farfan, M., Loren, J. G. e Fuste, M. C. (2002).Identificação bioquímica e taxonomia numérica de Aeromonas spp. isoladas de amostras ambientais e clínicas em Espanha. J Appl Microbiol 93, 420-430.

Martin-Carnahan, A., e Joseph. S. W. (2005). Género I. *Aeromonas* Stanier 1943, 213AL, p. 557-578. In D. J. Brenner, N. R. Krieg, J. T. Staley, and G. M. Garrity (ed.), Bergey's manual of systematic bacteriology, 2nd ed., vol. 2, part B. Springer, New York, NY.

Martinez-Murcia, A. J., Benlloch, S. e Collins, M. D. (1992). Inter-relações filogenéticas de membros dos géneros *Aeromonas* e *Plesiomonas* determinadas por sequenciação do ADN ribossómico 16S: falta de congruência com os resultados das hibridizações ADN-ADN. Int. J. Syst. Bacteriol. 42:412-421.

Miles, R.S. e Amyes, S. G. B. (1996). Controlo laboratorial da terapia antimicrobiana. In: Collee, J.G. Fraser, A.G., Marmion, B.P., e Simmon, A. (ed.) Mackie & McCartney Practical Medical Microbiology. 4th ed. Churchill Livingstone Inc., EUA. Churchill Livingstone Inc., EUA.

Monica,S.;Bruno,S.; Emanuel,M.;Cibelle,B.; Sonia,M.; Farah3, S. S. e Fadel-Picheth,C.M.T.(2010).Identificação e suscetibilidade antimicrobiana de Aeromonas spp. isoladas de amostras de fezes de indivíduos brasileiros com diarréia e controles saudáveis. Revista de Microbiologia Médica. Correspondência

Moyer N.P.(1987).Significado clínico das espécies de *Aeromonas* isoladas de pacientes com diarreia. J. Clin. Microbiol, 2044-2048.

Mishera, V.; Nag, V.L.; Tandon; R. e Awsthi, S. (2010). Otimização baseada na metodologia de superfície de resposta da eletroforese em gel de agarose para triagem e eletroferotipagem de rotavírus. Appl. Biochem. Biotechnol., 160 (8): 23222331. doi: 10.1007/s12010-009-8693-x.

Monfort, P., Baleux, B. (1990). Dinâmica de *Aeromonas hydrophila*, *Aeromonas sobria*, e *Aeromonas caviae* numa lagoa de tratamento de águas residuais Sciences et Techniques du Languedoc, Montpellier, França. App. Environ. Microbiol, 56: 1999-2006.

=N=

Naji,N.Q.(2013).Disseminação e propriedades imunológicas de isolados de *Aeromonas hydrophila* de crianças com diarreia na província de AL-Muthana. . Tese de Mestrado, Faculdade de Ciências, Universidade de AL-Muthanna.

Nawaz, M., Sung, K., Khan, S.A., Khan, A.A. e Steel, R. (2006). Caracterização bioquímica e molecular de isolados de *Aeromonas veronii* resistentes à tetraciclina provenientes de peixe-gato. Appl Environ Microbiol, 27(10): 6461-6466.

Obaid ,A.J.(2013). Papel da camada S de *Aeromonas hydrophila* isolada de espécimes de diarreia. Tese de Mestrado, Faculdade de Ciências, Universidade da Babilónia.

Obi C. L. e. Bessong P.O. (2002). Patógenos bacterianos diarreiogênicos em pacientes HIV positivos com diarréia em comunidades rurais da província de Limpopo, África do Sul. J. Health Popul. Nutr., 20(3): 230-234.

Obi, C. L., Ramalivhana, J., Samie, A., e Igumbo, E.O. (2007). Prevalência, patogénese, perfis de suscetibilidade a antibióticos e atividade *in vitro* de plantas medicinais selecionadas contra isolados de *Aeromonas* de amostras de fezes de pacientes na região de Venda, na África do Sul. J. Health Popul. Nutr. 25(4):428-35.

O'Hara C.M.(2005).Instrumentação manual e automatizada para identificação de enterobacteriaceae e outros *bacilos* gram-negativos aeróbicos. Clin. Microbiol Rev., 18(1):147-162.

Okumura R., Liao C., Gavin M., Jacoby G. A., e Hooper D.C. (2011). Quinolona indução de qnr VSI em *Vibrio splendidus* e plasmídeo - transportou qnrSI em *Escherichia coli*, mecanismo independente do sistema SOS . Antimicrob. agents Chemother, 55(12): 5942-5945.

Orozova D.; Chikova V.; e Najdenski H. (2010). Antibiotic resistance of pathogenic for fish isolates of *Aeromonas* spp. Bulgarian J. Agr. Sci., 16(3):376- 386.

=|P=

Parker J. L., Shaw J. G. (2011) *Aeromonas* spp. clinical microbiology and disease. J. Infection, 62: 109- 118.

Park T.S., Oh. S.H., Lee E. Y., Lee T.K., Park K.H., Figueras M. J., e Chang C.L. (2003). Identificação incorrecta de *Aeromonas veronii* biovar *sobria* como *Vibrio alginolyticus* pelo sistema Vitek. Letters in App. Microbiol., 37 (4): 349-353.

Pazhani G.P., Fujihara C.K., Yamasaki S., Ghosh A. (2011). Mutações QRDR, sistema de efluxo e genes de resistência antimicrobiana em *Escherichia coli* enterotoxigénica isolada de um surto de diarreia em Ahmedabad, Índia. Indian J. Med. Res., 134: 214-223.

Perilla, M.J.; Ajello,G.; Boop,C.; Elliot,J.; Facklan,R.; Popovic,T. e Wells, J. (2003). Manual for laboratory identification and antimicrobial susceptibility testing of bacterial pathogens of public health importance in developing world, Center for Diseases Control and Prevention , Atlanta, Georgia, USA.

Petersen, A., e Dalsgaard, A., 2003. Antimicrobial resistance of intestinal Aeromonas spp. and Enterococcus spp. in fish cultured in integrated broilerfish farms in Thailand. Aquaculture 219, 71-82.

Piddock L.J.V. (2006). Bombas de efluxo de resistência a múltiplos fármacos codificadas cromossomicamente e clinicamente relevantes em bactérias. Clin. Microbial. Rev., 19(2): 382-402.

Poole K. (2002). Mechanisms of bacterial biocide and antibiotic resistance (Mecanismos de resistência bacteriana a biocidas e antibióticos). J Appl Microbiol; 92(1): 55-64.

Pollard , D.R.;Johnson ,M.W.;Lior, H.;Tyler ,S.D. e; Rozee, K.R. (1990). Deteção do gene da aerolisina em Aeromonas hydrophila por PCR. J. Clin . Microbial.82:2477-2481.

Puthucheary S.D.; Puah S.M.; e Chua K.H. (2012). Caracterização molecular de isolados clínicos de espécies de *Aeromonas* da Malásia. Plos one,7(2): e30205. Doi: 10.1371.

-IR-

Ramalivhana N.J. (2010). Caracterização molecular de *Aeromonas hydrophila* e actividades antimicrobianas de plantas medicinais selecionadas contra isolados patogénicos da água e amostras de fezes na era do VIH/SIDA na província do Limpopo, África do Sul. Tese de doutoramento da Universidade da África do Sul.

Roberts M.C. (2005). Atualização dos genes de resistência adquirida às tetraciclinas FEMS Microbiol. Lett., 245:195-203.

Sambrook, J., e Russell, R.W. (2001). Molecular cloning: A laboratory manual, 3rd ed., Cold spring harbor laboratory press, cold spring harbor, N. Y. Cold spring harbor laboratory press, cold spring harbor, N.Y.

Sarkar A., Saha M. e Roy P. R. (2012). Identificação e tipagem de *Aeromonas hydrophila* através de impressão digital de 16 s DNA - PCR. J. Aquacult. Res. Der 3:6.

Schmidt A.S, Bruun M.S, Dalsgaard I e Larsen J.L. (2001). Incidência, distribuição e propagação de determinantes de resistência à tetraciclina e genes de resistência a antibióticos associados à integrina entre aeromonas móveis de um ambiente de piscicultura. J. App. Environ. Microbiol, 67: 5675-5682.

Sen, K. (2005). Desenvolvimento de um método de identificação rápida de espécies de *Aeromonas* por multiplex-PCR. Can. J. Microbiol, 51: 957-966.

Singh, V., Chaudhary, D.K., Mani. I. (2012). Caracterização molecular e modelagem da estrutura secundária de 16S rRNA de *Aeromonas veronii.* Int. J

Sinha S., Shimada T., Ramamurthy T. (2004). Prevalência, distribuição de serotipos, suscetibilidade a antibióticos e perfis genéticos de espécies de *Aeromonas* mesófilas isoladas de casos de diarreia hospitalizados em Calcutá, Índia. J.Med. Microbiol., 53(6): 527-534.

Skwor T., Shinko J., Augustyniak A., Gee C., e Andraso G. (2014). *Aeromonas hydrophila* e *Aeromonas veronii* predominam entre os isolados *de Aeromonas* potencialmente patogénicos resistentes à ciprofloxacina e à tetraciclina do lago Erie. App. Environ. Microbiol., 80(3): 841-898.

Solanke V.; Pai C.; Surase S.G. (2011). *Aeromonas hydrophila* causando gastroenterite aguda numa criança. Bombay Hospital J., 53.

Sonstein S.A. e Baldwin J.N. (1972). Perda do plasmídeo da peniclinase após tratamento de *Staphylococcus aureus* com dodecil sulfato de sódio. 109 (1): 292 - 265.

Spengler G, Molnar A., Schelz .Z, Amaral L., e Molnar J. (2006). O mecanismo de cura de plasmídeos em Bactérias. atual alvo de drogas, Benthan science publishers.

Speer B.S., Shoemaker N.B., e Salyers A.A. (1992). Resistência bacteriana à tetraciclina: Mechanism , transfer, and clinical significance. Clin. Microbiol. Rev., 5(4):387-399.

Svenungsson B., Lagergren A., Ekwall E. (2000). Enteropatogénios em pacientes adultos com diarreia e indivíduos de controlo saudáveis: um estudo prospetivo de 1 ano numa clínica sueca de doenças infecciosas. Clin. Infect. Dis., 30(5): 770-778.

Stackebrandt, E., Frederiksen, W., Garrity, G.M., Grimont P.A.D., Kampfer P.,Maiden M.C.J., Nesme X.,Rossello-Mora R. ,Swings J., Truper H.G.,Vauterin L. ,Ward A.C. , and Whitman W.B.(2002). Relatório do comité ad hoc para a reavaliação da definição de espécie em bacteriologia. Int J SystEvol Microbiol. 52 (3): 1043-1047.

Surek M, Vizzotto BS, Souza EM, Pedrosa Fde O, Dallagassa CB, Farah SM, Fadel-Picheth CM. (2010). Identificação e suscetibilidade antimicrobiana de *Aeromonas* spp. isoladas de amostras de fezes de indivíduos brasileiros com diarréia e controles saudáveis. J. Medical Microbiol, 59(Pt 3):373-374. doi: 10.1099/ jmm. 0.014258-0.

Suzuki T, Nakayama T, Kurihara T, Nishino T, Esaki N (2001). Atividade lipolítica de *Acinetobacter* sp.estirpe nº 6.J Biosci. Bioeng. 92:144-148.

Swaminathan T.R., Rathore G., Abidi R., e Kapoor D. (2000). Deteção de *Aeromonas hydrophila* por reação em cadeia da polimerase. Ind. J. Fish, 51(2):251-254

=T=

Todar K. (2011). Resistência bacteriana aos antibióticos . www.livro-texto de Bacteriologia. net. Acedido em Jan 2015.

Trower C.J., Abo S., Majeed K.N., e VonItzstein M. (2000). Produção de uma enterotoxina por uma estirpe *de Aeromonas* associada à gastroenterite. J. Med. Microbiol., 49(2): 121-126.

=V=

Vila O., Ruiz J., Gallardo F., Vargas M.S. L., Figueras M. J., e Gascon J. (2003). *Aeromonas* spp. e Diarreia do Viajante: caraterísticas clínicas e resistência antimicrobiana. Emerg. Infect. Dis., 9 (5): 552-555.

Villari, P., Crispino, M., Montuori, P., e Boccia, S. (2003) Tipagem molecular de isolados *de Aeromonas* em águas minerais naturais. App. Environmen. Microbiol., 69: 697-701.

Vivekanandhan G., Savithamani K., Hatha .A.M., Lakshmanaperumalsamy P. (2002). Resistência aos antibióticos de Aeromonas hydrophila isolada de peixe e camarão comercializados no Sul da Índia. Int. J. Food Microbiol, 76 (2002) 165-168.

Von-Graevenitz, A. (2007). The role of *Aeromonas* in diarrhea: a review. Infeção 35:59-64.

=W=

Webber, M. A., e L. J. V. Piddock. 2001. Ausência de mutações em *marAB* ou *soxRS* em *acrB-overexpressing* isolados clínicos e veterinários resistentes a fluoroquinolonas de *Escherichia coli* Antimicrob. Agents Chemother. **45:**1550-1552.

Wong H. (2007) Enteropathogenic Aeromonads. Departamento de Microbiologia, Universidade de Soochow.

=X=

Xu, X.-J., M. R. Ferguson, V. L. Popov, C. W. Houston, J. W. Peterson e A. K. Chopra (1998). Papel de uma enterotoxina citotóxica em infecções *mediadas por Aeromonas*: Desenvolvimento de mutantes transposonais e isogénicos. J. Infectious Immun., 66(8): 3501-3509.

-Y-

Yu H.B., P. S. Srinivasa Rao , Lee H. C., Vilches S., Merino S., Tomas J. M., and Leung K. Y.(2004) A Type III Secretion System Is Required for *Aeromonas hydrophila* AH-1 Pathogenesis. Infect. Immun. 72 (3): **1248-1256.**

Apêndice-3: Teste bioquímico de *A. hydrophila*

Testes	Isolados							
	S1	**S2**	**S3**	**S4**	**S5**	**S6**	**S7**	**S8**
Catalase	+	+	+	+	+	+	+	+
Oxidase	+	+	+	+	+	+	+	+
Ágar de ferro de Kliglers (KIA)	K/A	K/A	K/A	K/A	K/A	K/A	K/A	K/A
Sulfureto de hidrogénio (H2S)	-	-	-	-	-	-	-	-
Produção de gás	+	+	+	+	+	+	+	+
Produção de urease	-	-	-	-	-	-	-	-
Produção de hemolisina	+	+	+	+	+	+	+	+
Citrato de Simmons	-	-	-	-	-	-	-	-
Teste de cordas	-	-	-	-	-	-	-	-
Teste de motilidade	+	+	+	+	+	+	+	+

Apêndice -4: Resultado do sistema Vitek 2 para *Aeromonas spp.*

A.hydrophila/ probabilidade 99% / amostra de fezes

2	APPA	+	3	ADO	4	PyrA	- 5	IARL	- 7	dCEL	+	9	BGAL	+
10	H2S	-	11	BNAG	+	12	AGLTp	-	13	dGLU	+	14	GGT	+	15	DESLIGADO	+
17	BGLU	+	18	dMAL	+	19	dMAN	+	20	dMNE	-	21	BXYL	-	22	BALAP	-
23	ProA	+	26	LIP	+	27	PLE	-	29	TyrA	+	31	URE	-	32	Dsor	-
33	SAC	+	34	dTAG	-	35	dTRE	+	36	TRANSPORTE DE VALORES	-	37	MNT	-	39	5KG	-
40	ILATK	+	41	AGLU	-	42	SUCT	+	43	NAGA	-	44	AGAL	+	45	PHOS	-
46	GlyA	-	47	ODC	-	48	LDC	-	53	IHISa	-	56	CMT	+	57	BGUR	+
58	O129R	+	59	GGAA	+	61	IMLTa	+	62	ELLM	+	64	ILATa	-			

.hydrophila/probabilidade 99%/amostra de ferramenta

2	APPA	+	3	ADO	-	4	PyrA	-	5	IARL	-	7	dCEL	+	9	BGAL	+
10	H2S	-	11	BNAG	+	12	AGLTp	-	13	dGLU	+	14	GGT	+	15	DESLIGADO	+
17	BGLU	+	18	dMAL	+	19	dMAN	+	20	dMNE	-	21	BXYL	-	22	BALAP	-
23	ProA	+	26	LIP	+	27	PLE	-	29	TyrA	+	31	URE	-	32	dSOR	-
33	SAC	+	34	dTAG	-	35	dTRE	+	36	TRANSPORTE DE VALORES	-	37	MNT	-	39	5KG	-
40	ILATK	+	41	AGLU	-	42	SUCT	+	43	NAGA	-	44	AGAL	+	45	PHOS	-
46	GlyA	-	47	ODC	-	48	LDC	-	53	IHISa	-	56	CMT	+	57	BGUR	+
58	O129R	+	59	GGAA	+	61	IMLTa	+	62	ELLM	+	64	ILATa	-			

A.hydrophila/ probabilidade 99% / amostra de fezes

2	APPA	+	3	ADO	-	4	PyrA	-	5	IARL	-	7	dCEL	+	9	BGAL	+
10	H2S	-	11	BNAG	+	12	AGLTp	-	13	dGLU	+	14	GGT	+	15	DESLIGADO	+
17	BGLU	+	18	dMAL	+	19	dMAN	+	20	dMNE	-	21	BXYL	-	22	BALAP	-
23	ProA	+	26	LIP	+	27	PLE	-	29	TyrA	+	31	URE	-	32	dSOR	-
33	SAC	+	34	dTAG	-	35	dTRE	+	36	TRANSPORTE DE VALORES	-	37	MNT	-	39	5KG	-
40	ILATK	+	41	AGLU	-	42	SUCT	+	43	NAGA	-	44	AGAL	+	45	PHOS	-
46	GlyA	-	47	ODC	-	48	LDC	-	53	IHISa	-	56	CMT	+	57	BGUR	+
58	O129R	+	59	GGAA	+	61	IMLTa	+	62	ELLM	+	64	ILATa	-			

A.hydrophila/ probabilidade de 95% /amostra de fezes

2	APPA	+	3	ADO	-4	PyrA	-5	IARL	-7	dCEL	+	9	BGAL	+
10	H2S	-	11	BNAG	+	12	AGLTp	-	13	dGLU	+	14	GGT	+	15	DESLIGADO	+
17	BGLU	+	18	dMAL	+	19	dMAN	+	20	dMNE	-	21	BXYL	-	22	BALAP	-
23	ProA	+	26	LIP	+	27	PLE	-	29	TyrA	+	31	URE	-	32	dSOR	-
33	SAC	+	34	dTAG	-	35	dTRE	+	36	TRANSPORTE DE VALORES	-	37	MNT	-	39	5KG	-
40	ILATK	+	41	AGLU	-	42	SUCT	+	43	NAGA	-	44	AGAL	+	45	PHOS	-
46	GlyA	-	47	ODC	-	48	LDC	-	53	IHISa	-	56	CMT	+	57	BGUR	+
58	O129R	+	59	GGAA	+	61	IMLTa	+	62	ELLM	+	64	ILATa	-			

A.hydrophila/ probabilidade 99% / amostra de fezes

2	APPA	+	3	ADO	-4	PyrA	-5	IARL	-7	dCEL	+	9	BGAL	+
10	H2S	-	11	BNAG	+	12	AGLTp	-	13	dGLU	+	14	GGT	+	15	DESLIGADO	+

17	BGLU	+	18	dMAL	+	19	dMAN	+	20	dMNE	-	21	BXYL	-	22	BALAP	-
23	ProA	+	26	LIP	+	27	PLE	-	29	TyrA	+	31	URE	-	32	dSOR	-
33	SAC	+	34	dTAG	-	35	dTRE	+	36	TRANSPORTE DE VALORES	-	37	MNT	-	39	5KG	-
40	ILATK	+	41	AGLU	-	42	SUCT	+	43	NAGA	-	44	AGAL	+	45	PHOS	-
46	GlyA	-	47	ODC	-	48	LDC	-	53	IHISa	-	56	CMT	+	57	BGUR	+
58	O129R	+	59	GGAA	+	61	IMLTa	+	62	ELLM	+	64	ILATa	-			

A.hydrophila/ probabilidade 88% /amostra de fezes

2	APPA	+	3	ADO	-	4	PyrA	-	5	IARL	-	7	dCEL	+	9	BGAL	+
10	H2S	-	11	BNAG	+	12	AGLTp	-	13	dGLU	+	14	GGT	+	15	DESLIGADO	+
17	BGLU	+	18	dMAL	+	19	dMAN	+	20	dMNE	-	21	BXYL	-	22	BALAP	-
23	ProA	+	26	LIP	+	27	PLE	-	29	TyrA	+	31	URE	-	32	dSOR	-
33	SAC	+	34	dTAG	-	35	dTRE	+	36	TRANSPORTE DE VALORES	-	37	MNT	-	39	5KG	-
40	ILATK	+	41	AGLU	-	42	SUCT	+	43	NAGA	-	44	AGAL	+	45	PHOS	-
46	GlyA	-	47	ODC	-	48	LDC	-	53	IHISa	-	56	CMT	+	57	BGUR	+
58	O129R	+	59	GGAA	+	61	IMLTa	+	62	ELLM	+	64	ILATa	-			

A.hydrophila/probabilidade 86% / amostra de fezes

2	APPA	+	3	ADO	-	4	PyrA	-	5	IARL	-	7	dCEL	+	9	BGAL	+
10	H2S	-	11	BNAG	+	12	AGLTp	-	13	dGLU	+	14	GGT	+	15	DESLIGADO	+
17	BGLU	+	18	dMAL	+	19	dMAN	+	20	dMNE	-	21	BXYL	-	22	BALAP	-
23	ProA	+	26	LIP	+	27	PLE	-	29	TyrA	+	31	URE	-	32	dSOR	-
33	SAC	+	34	dTAG	-	35	dTRE	+	36	TRANSPORTE DE VALORES	-	37	MNT	-	39	5KG	-
40	ILATK	+	41	AGLU	-	42	SUCT	+	43	NAGA	-	44	AGAL	+	45	PHOS	-
46	GlyA	-	47	ODC	-	48	LDC	-	53	IHISa	-	56	CMT	+	57	BGUR	+
58	O129R	+	59	GGAA	+	61	IMLTa	+	62	ELLM	+	64	ILATa	-			

A.sobria/ probabilidade85% /amostra de ferramentas

2	APPA	-	3	ADO	-	4	PyrA	+	5	IARL	-	7	dCEL	+	9	BGAL	-
10	H2S	-	11	BNAG	+	12	AGLTp	-	13	dGLU	+	14	GGT	+	15	DESLIGADO	-
17	BGLU	-	18	dMAL	+	19	dMAN	-	20	dMNE	-	21	BXYL	-	22	BALAP	-
23	ProA	-	26	LIP	-	27	PLE	-	29	TyrA	-	31	URE	-	32	dSOR	-
33	SAC	+	34	dTAG	-	35	dTRE	+	36	TRANSPORTE DE VALORES	-	37	MNT	-	39	5KG	-
40	ILATK	+	41	AGLU	-	42	SUCT	-	43	NAGA	-	44	AGAL	-	45	PHOS	(
46	GlyA	-	47	ODC	-	48	LDC	-	53	IHISa	-	56	CMT	+	57	BGUR	-
58	O129R	+	59	GGAA	-	61	IMLTa	-	62	ELLM	-	64	ILATa	-			

A.salmonicida/probabilidade 94% / amostra de fezes

2	APPA	-	3	ADO	-	4	PyrA	-	5	IARL	-	7	dCEL	-	9	BGAL	-
10	H2S	-	11	BNAG	-	12	AGLTp	-	13	dGLU	+	14	GGT	-	15	DESLIGADO	-
17	BGLU	-	18	dMAL	-	19	dMAN	-	20	dMNE	-	21	BXYL	-	22	BALAP	-
23	ProA	-	26	LIP	-	27	PLE	-	29	TyrA	-	31	URE	-	32	dSOR	-
33	SAC	-	34	dTAG	-	35	dTRE	-	36	TRANSPORTE DE VALOR	-	37	MNT	-	39	5KG	-

											ES						
40	ILATK	-	41	AGLU	-	42	SUCT	-	43	NAGA	-	44	AGAL	-	45	PHOS	-
46	GlyA	-	47	ODC	-	48	LDC	-	53	IHISa	-	56	CMT	+	57	BGUR	-
58	O129R	-	59	GGAA	-	61	IMLTa	-	62	ELLM	-	64	ILATa	-			
Probabilidade de A.salmonicida 93% /amostra de fezes																	
2	APPA	-	3	ADO	-	4	PyrA	-	5	IARL	-	7	dCEL	-	9	BGAL	-
10	H2S	-	11	BNAG	-	12	AGLTp	-	13	dGLU	+	14	GGT	-	15	DESLIGADO	-
17	BGLU	-	18	dMAL	-	19	dMAN	-	20	dMNE	-	21	BXYL	-	22	BALAP	-
23	ProA	-	26	LIP	-	27	PLE	-	29	TyrA	-	31	URE	-	32	dSOR	-
33	SAC	-	34	dTAG	-	35	dTRE	-	36	TRANSPORTE DE VALORES	-	37	MNT	-	39	5KG	-
40	ILATK	-	41	AGLU	-	42	SUCT	-	43	NAGA	-	44	AGAL	-	45	PHOS	-
46	GlyA	-	47	ODC	-	48	LDC	-	53	IHISa	-	56	CMT	+	57	BGUR	-
58	O129R	-	59	GGAA	-	61	IMLTa	-	62	ELLM	-	64	ILATa	-			
A.salmonicida/probabilidade 93% / amostra de fezes																	
2	APPA	-	3	ADO	-	4	PyrA	-	5	IARL	-	7	dCEL	-	9	BGAL	-
10	H2S	-	11	BNAG	-	12	AGLTp	-	13	dGLU	+	14	GGT	-	15	DESLIGADO	-
17	BGLU	-	18	dMAL	-	19	dMAN	-	20	dMNE	-	21	BXYL	-	22	BALAP	-
23	ProA	-	26	LIP	-	27	PLE	-	29	TyrA	-	31	URE	-	32	dSOR	-
33	SAC	-	34	dTAG	-	35	dTRE	-	36	TRANSPORTE DE VALORES	-	37	MNT	-	39	5KG	-
40	ILATK	-	41	AGLU	-	42	SUCT	-	43	NAGA	-	44	AGAL	-	45	PHOS	-
46	GlyA	-	47	ODC	-	48	LDC	-	53	IHISa	-	56	CMT	+	57	BGUR	-
58	O129R	-	59	GGAA	-	61	IMLTa	-	62	ELLM	-	64	ILATa	-			

A.salmonicida/probabilidade 94% / amostra de fezes

2	APPA	-	3	ADO	-	4	PyrA	-	5	IARL	-	7	dCEL	-	9	BGAL	-
10	H2S	-	11	BNAG	-	12	AGLTp	-	13	dGLU	+	14	GGT	-	15	DESLIGADO	
17	BGLU	-	18	dMAL	-	19	dMAN	-	20	dMNE	-	21	BXYL	-	22	BALAP	-
23	ProA	-	26	LIP	-	27	PLE	-	29	TyrA	-	31	URE	-	32	dSOR	
33	SAC	-	34	dTAG	-	35	dTRE	-	36	TRANSPORTE DE VALORES	-	37	MNT	-	39	5KG	-
40	ILATK	-	41	AGLU	-	42	SUCT	-	43	NAGA	-	44	AGAL	-	45	PHOS	
46	GlyA	-	47	ODC	-	48	LDC	-	53	IHISa	-	56	CMT	+	57	BGUR	-
58	O129R	-	59	GGAA	-	61	IMLTa	-	62	ELLM	-	64	ILATa	-			

MIX
Papier aus verantwortungsvollen Quellen
Paper from responsible sources
FSC® C105338

Printed by Books on Demand GmbH, Norderstedt / Germany